NATUR KOMPAKT

BÄUME

DK NATUR KOMPAKT

BÄUME

300 Arten entdecken & bestimmen

Allen Coombes

DK DORLING KINDERSLEY

DORLING KINDERSLEY
London, New York, Melbourne,
München und Delhi

DK LONDON
Bildredaktion Ina Stradins
Bildbetreuung Vanessa Thompson
Lektorat Angeles Gavira
Redaktion Georgina Garner
DTP-Design Adam Shepherd
Fotoredaktion Neil Fletcher
Illustrationen Gill Tomblin
Herstellung Elizabeth Cherry,
Melanie Dowland
Chefbildlektorat Phil Ormerod
Cheflektorat Liz Wheeler
Art Director Bryn Walls
Programmleitung Jonathan Metcalf

DK DELHI
Design Supriya Sahai,
Shefali Upadhyay, Kavita Dutta
Redaktion Glenda Fernandes,
Sheema Mookherjee, Dipali Singh
Fachliche Beratung Anita Roy
Redaktionsassistenz Chumki Sen,
Bhavna Seth
DTP Design Sunil Sharma,
Balwant Singh, Jessica Subramanian
DTP Koordinator Pankaj Sharma
Chefbildlektorat Aparna Sharma

Für die deutsche Ausgabe:
Programmleitung Monika Schlitzer
Projektbetreuung Ilona Ehre, Manuela Stern
Herstellungsleitung Dorothee Whittaker
Herstellung Verena Salm, Anna Strommer
Covergestaltung Anna Strommer

Bibliografische Information Der Deutschen Bibliothek
Die Deutsche Bibliothek verzeichnet diese Publikation
in der Deutschen Nationalbibliografie;
detaillierte bibliografische Daten sind im Internet über
http://dnb.ddb.de abrufbar.

Titel der englischen Originalausgabe:
Pocket Nature: Trees

Übersetzung Eva Sixt

ISBN 978-3-8310-2083-6

Printed and bound in China by Leo

Hinweis
Die Informationen und Ratschläge in diesem Buch sind von den Autoren und vom Verlag sorgfältig erwogen und geprüft, dennoch kann eine Garantie nicht übernommen werden.
Eine Haftung der Autoren bzw. des Verlags und seiner Beauftragten für Personen-, Sach- und Vermögensschäden ist ausgeschlossen.

INHALT

Aufbau des Buchs 6

Bestimmung 8

Ginkgo 12

Nadelbäume mit Nadeln 13

Nadelbäume mit Schuppenblättern 47

Laubbäume mit zusammengesetzten Blättern 58

Laubbäume mit einfachen Blättern 90

Glossar 217

Register 218

Dank 224

Aufbau des Buchs

Dieses Buch behandelt 300 der in Europa häufigsten Baumarten. Hier finden Sie eine kurze Einführung, die vor allem für die Bestimmung in freier Natur konzipiert wurde. Die Bäume sind in vier einfach zu erkennende Gruppen unterteilt: Nadelbäume mit Nadeln, Nadelbäume mit Schuppenblättern, Laubbäume mit zusammengesetzten Blättern, Laubbäume mit einfachen Blättern.

▽ EINFÜHRUNG DER GRUPPEN

Jedes der vier Kapitel beginnt mit einer Einführung, die die gemeinsamen Merkmale der Gruppe beschreibt. Fotos repräsentativer Arten verdeutlichen die Vielfalt innerhalb der Gruppe.

58

LAUBBÄUME MIT ZUSAMMENGESETZTEN BLÄTTERN

Laubbäume mit zusammengesetzten Blättern

Diese Gruppe von Laubbäumen hat breite Blätter (im Vergleich zu Nadeln oder schuppenförmigen Blättern), die aus mindestens zwei Teilblättern bestehen. Diese können zu gefiederten Blättern zusammengesetzt sein und sehen dann farnähnlich aus, wie bei der Schwarzen Walnuss, oder sie sind hand- oder fächerförmig, wie bei der Gewöhnlichen Rosskastanie (unten). Verwandte Baumarten haben oft, aber nicht immer ähnliche Blatttypen.

ABBILDUNG

Zeigt charakteristische Merkmale des Baums in seinem natürlichen Lebensraum.

136

LAUBBÄUME MIT EINFACHEN BLÄTTERN

MERKMALE: *Die tief gelappten Blätter stehen in Büscheln und färben sich im Herbst gelbbraun.*

HÖHE *30m.*
AUSBREITUNG *25m.*
RINDE *Dunkelgrau, rau*
BLÜTEZEIT *Spätes Früh*
VORKOMMEN *Waldlan*
ÄHNLICHE ARTEN *Kein gelappten Blätter sind s*

MERKMALE: *Die graubraune Rinde ist manchmal korkig, ein Merkmal, das von der Kork-Eiche stammt.*

KAPITELÜBERSCHRIFT

DETAILABBILDUNGEN

Die farbigen Kästen zeigen einzelne Teile des Baums, wie Blätter, Blüten oder Früchte, in vergrößerter Darstellung.

GRÖSSENVERGLEICH

Um die Höhe des Baums zu verdeutlichen, ist eine Illustration der Art neben der eines erwachsenen Menschen dargestellt. Siehe Kasten oben rechts.

▷ GANZSEITIGE EINTRÄGE

Arten, die komplexe Merkmale aufweisen oder besonders interessant sind, werden ganzseitig dargestellt.

Silber-Weide

Salix alba (Salicaceae)

Diese an Gewässern häufige Weide ist kräftig und ausladend und hat oft herabhängende Zweige. Die schlanken, lanzenförmigen, fein gezähnten Blätter sind lang und zugespitzt. Wenn sie jung sind, sind sie unterseits seidig behaart, später werden sie oberseits dunkelgrün und unterseits blaugrün. Die kleinen Blüten stehen in Kätzchen, wenn die Blätter erscheinen. Die männlichen sind gelb, die weiblichen grün, sie erscheinen an verschiedenen Bäumen. Die kleinen grünen Früchte öffnen sich, um behaarte Samen zu entlassen. *Salix alba* 'Britzensis' hat im Winter orangerote Zweige.

201

LAUBBÄUME MIT EINFACHEN BLÄTTERN

HÖHE *25m.*
AUSBREITUNG *20m.*
RINDE *Graubraun, im Alter mit tiefen Rissen.*
BLÜTEZEIT *Frühjahr.*
VORKOMMEN *Flussufer und Wiesen in ganz Europa, wird häufig gepflanzt.*
ÄHNLICHE ARTEN *Bruch-Weide (S. 203), die größere, unterseits glatte Blätter hat. Die Zweige brechen leicht ab.*

ANMERKUNG

ANMERKUNGEN

Auffallende oder einzigartige Merkmale, die helfen, die Art zu bestimmen, oder andere interessante Hintergrundinformationen sind hier aufgeführt.

▽ ARTBESCHREIBUNGEN

Eine typische Seite beschreibt zwei Arten. Jeder Eintrag ist nach demselben leicht zugänglichen Schema aufgebaut. Ein großes Foto zeigt den Baum an seinem natürlichen Standort. Kleinere Abbildungen verdeutlichen Details. Anmerkungen, ein Größenvergleich und ein Kasten mit Schlüsselinformationen vervollständigen den Eintrag.

GRÖSSENVERGLEICH

Zwei kleine Maßstabszeichnungen sollen die Wuchshöhe des Baums verdeutlichen. Die Schemazeichnung steht für einen erwachsenen Menschen, die Baumillustration repräsentiert den ausgewachsenen Baum in freier Natur. Ist er auf einer Seite mit kahlen Ästen dargestellt, handelt es sich um eine Laub abwerfende Art.

WISSENSCHAFTLICHER NAME

Ungarische Eiche
uercus frainetto (Fagaceae)
ese Eiche hat kräftige, leicht behaarte Zweige. Die Blätter nd stumpf gelappt, die größeren Lappen sind manchmal kerbt. Sie sind oberseits dunkelgrün, unterseits graugrün. ie Blüten stehen in Kätzchen. Die männlichen sind gelbün und hängen herab, die weiblichen sind unauffällig. e kurz gestielten Eicheln reifen im sten Jahr.
Wuchs breit ausladend
t bis m lang
nd tief gefurcht.
hr.
n Südosteuropa.
– die großen, tief r charakteristisch.
ucombe-Eiche
uercus x hispanica (Fagaceae)
ese Eiche ist eine Hybridform zwischen der Zerr-Eiche . 134) und der Kork-Eiche (S. 143). Die Blätter sind in orm und Größe sehr variabel und spitz gezähnt. Sie sind berseits glänzend dunkelgrün, unterseits hellgrau behaart. ie männlichen Blütenkätzchen sind gelbgrün und hängen herab, die weiblichen sind unauffällig. Die Eicheln sitzen in stacheligen Bechern und reifen im zweiten Jahr.
Krone gerundet
Blatt bis 12 cm lang
HÖHE 30 m. AUSBREITUNG 30 m.
RINDE Graubraun, gefurcht, manchmal korkig.
BLÜTEZEIT Spätes Frühjahr.
VORKOMMEN Waldland, meist gemeinsam mit den Elternarten; häufig kultiviert; stammt aus Südeuropa.
ÄHNLICHE ARTEN Zerr-Eiche (S. 134), Kork-Eiche (S. 143).

DEUTSCHER NAME
Manche Arten haben keinen deutschen Namen. In diesen Fällen ist hier der wissenschaftliche Name aufgeführt.

NAME DER FAMILIE
Der botanische Name der Familie ist nach dem wissenschaftlichen Namen in Klammern angegeben. Wenn mehrere Möglichkeiten bestehen, sind sie aufgeführt.

BESCHREIBUNG
Hier sind die charakteristischen und arttypischen Merkmale des Baums aufgeführt.

MERKMALE
Charakteristische Merkmale der Art sind hier beschrieben.

FOTOGRAFIEN
Zeigen den Baum in seinem natürlichen Standort.

WEITERE SCHLÜSSELINFORMATIONEN
Dieser Kasten vermittelt kompakte Informationen zu den folgenden Punkten:
HÖHE: Die Höhe des Baums in freier Natur.
AUSBREITUNG: Die Ausbreitung des Baums in freier Natur.
BLÜTEZEIT: Die Jahreszeit, in der der Baum Blüten trägt.
VORKOMMEN: Der Lebensraum, in dem der Baum vorkommt, und seine geografische Verbreitung. Einige Bäume sind in Europa nicht einheimisch und kommen hier nur kultiviert vor. In diesem Fall ist die Herkunftsregion der Art angegeben.
ÄHNLICHE ARTEN: Bäume, die der beschriebenen Art ähneln, sind aufgeführt, Unterschiede oft hervorgehoben. Hier können auch Arten aufgeführt sein, die im Buch nicht beschrieben sind. In diesem Fall ist immer ein Unterscheidungsmerkmal angegeben.

Bestimmung

Bäume haben viele Merkmale, die man zur Bestimmung heranziehen kann, manche sind offensichtlich, andere weniger. Beachten Sie die Wuchsform und den Standort, betrachten Sie aber auch Blätter, Blüten, Früchte und die Rinde genau. Beachten Sie, dass Merkmale wie Blätter in Größe und Form variieren können, selbst am selben Baum.

Blattform

Prüfen Sie, ob das Blatt einfach (eine einzige Blattspreite) oder aus einzelnen Teilen zusammengesetzt ist und wie die Teilblätter angeordnet sind (z. B. gefiedert oder handförmig). Bewerten Sie Form und Größe aller Blattteile.

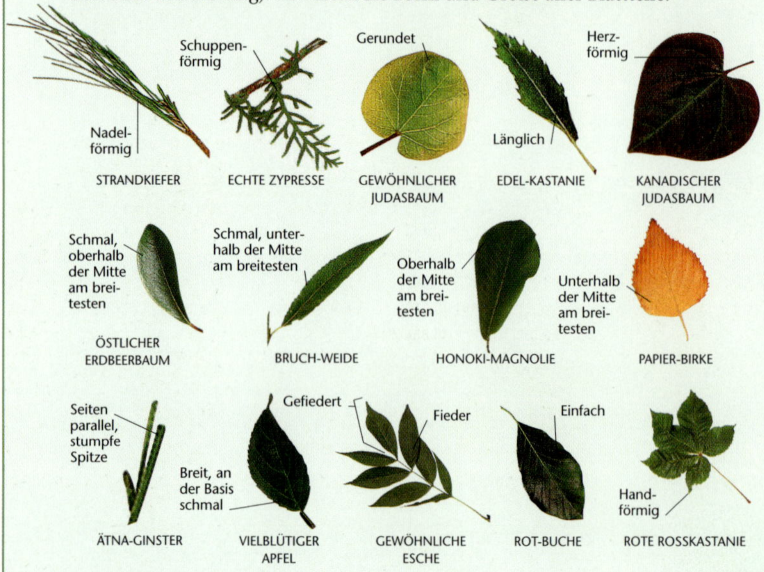

Blattfärbung und Zeichnung

Sowohl die Blattfärbung als auch die Zeichnung variieren innerhalb einer Art. Manche Blätter wechseln die Farbe, wenn sie altern oder bevor sie im Herbst fallen. Andere haben auffällige Blattadern oder sind gescheckt mit Farbflecken.

Blattrand und Textur

Der Blattrand kann von ungezähnt, gewellt, gezähnt, stachelig oder in verschiedener Weise gelappt sein, je nach Art. Fassen Sie die Blätter auch an und riechen Sie an ihnen. Pflanzenteile können charakteristisch rau, behaart oder durftend sein. Immergrüne beispielsweise haben oft ledrige Blätter, viele Pappelarten sind auf einer oder beiden Seiten behaart oder filzig.

HÄNGE-BIRKE

ORIENT-BUCHE

GEWÖHNLICHE STECHPALME

PYRENÄEN-EICHE

ROT-BUCHE

GEWÖHNLICHE HOPFENBUCHE

SILBER-PAPPEL

Blattanordnung

Die Anordnung der Blätter kann ein Bestimmungsmerkmal sein. Alle Ahorn- und Eschenarten beispielsweise haben gegenständige Blätter, die von Eichen sind wechselständig und stehen oft in Büscheln an den Enden der Triebe.

ADRIATISCHE PFLAUMENEICHE

STREIFEN-AHORN

UNGARISCHE EICHE

LAWSONS SCHEIN-ZYPRESSE

ECHTE ZYPRESSE

ATLAS-ZEDER

Blüten

Beachten Sie Größe, Farbe und Form, aber auch, wo und wie die Blüten ansetzen. Bei manchen Arten sind weibliche und männliche Blüten getrennt, auf derselben oder verschiedenen Pflanzen.

LORBEERBAUM

FICHTE

WESTLICHER ERDBEERBAUM

GEWÖHNLICHER FAULBAUM

ITALIENISCHER APFEL

ECHTE MISPEL

Früchte

Während man Nadelbäume anhand von unterschiedlichen Zapfen bestimmen kann, tragen andere Bäume unterschiedlichste Früchte, wie fleischige, bunte Beeren, hartschalige Nüsse oder abgeflachte Hülsen. Früchte schützen die Samen des Baums und tragen zu deren Verbreitung bei. Einige Früchte haben Flügel, die die Verbreitung durch den Wind ermöglichen.

SCHWARZ-KIEFER

SPANISCHE TANNE

KULTUR-APFEL

KRISCHLORBEER

STIEL-EICHE

SCHWARZE WALNUSS

WALNUSS

GEWÖHNLICHE HAINBUCHE

ORIENT-BUCHE

JOHANNISBROT-BAUM

ROTER EUKALYPTUS

ZIMT-AHORN

HERABGEFALLENE FRÜCHTE
Diese Zapfen sehen ähnlich aus, Fichtenzapfen fallen jedoch intakt vom Baum, während Tannenzapfen am Baum zerfallen.

VERSCHIEDENE FRÜCHTE
Wenn sie nicht blühen, ähneln sich die Indische Rosskastanie und die Rote Rosskastanie. Die Früchte sind jedoch unterschiedlich.

INDISCHE ROSSKASTANIE

ROTE ROSSKASTANIE

Wuchsform

Die Wuchsform des Baums kann bei der Bestimmung helfen. Beachten Sie jedoch, dass sie stark variieren kann: Ein Baum, der auf einer offenen Fläche wächst, unterscheidet sich im Wuchs von der gleichen Art, wenn diese im dichten Wald wächst. Das Alter kann die Form des Baums ebenfalls beeinflussen.

SÄULENFÖRMIG
Die Kalifornische Flusszeder ist höher als breit.

AUSLADEND
Viele immergrüne Bäume, wie dieser Kretische Apfel, haben einen ausladenden Wuchs.

KEGELFÖRMIG
Diese Fichte ist, wie die meisten jungen Nadelbäume, kegelförmig.

STRAUCHFÖRMIG
Dieser exponierte Phoenizische Wacholder wächst strauchförmig.

Rinde

Wenn ein Baum wächst, dehnt sich sein Stamm aus, und die äußeren Schichten toter Rinde schälen sich oder springen auf. Durch die Ausdehnung entstehen verschiedene charakteristische Rindenmuster. Dadurch entstehen auch Unterschiede in der Farbe und Textur junger und alter Bäume.

PAPPELBLÄTTRIGE BIRKE

FLÜGELNUSS

SICHELTANNE

HIMALAYA-BIRKE

GLATTE ARIZONA-ZYPRESSE

LOTUSPFLAUME

HÄNGE-BIRKE

MAHAGONI-KIRSCHE

ROTNERVIGER AHORN

Jahreszeiten

Die Blütezeit und die Belaubung können bei der Bestimmung eines Baums ausschlaggebend sein. Laub abwerfende Bäume verlieren im Herbst ihre Blätter, immergrüne behalten sie. Ein Baum kann Blüten tragen, bevor die Blätter sich öffnen, eine ähnliche Art blüht vielleicht erst, wenn die jungen Blätter schon erschienen sind.

SPITZ-AHORN

BERG-AHORN

STEIN-EICHE

ZERR-EICHE

JAHRESZEITEN
Die Stein-Eiche ist immergrün, die Zerr-Eiche wirft ihr Laub ab.

BLÜTEZEIT
Der Spitz-Ahorn blüht, bevor die Blätter erscheinen, die Blüten des Berg-Ahorns erscheinen später.

Standort

Einige Baumarten sind weitverbreitet, andere benötigen bestimmte Bedingungen und sind an bestimmte Lebensräume oder geografische Regionen gebunden. Die Baumarten, die in einem tief gelegenen Tal vorkommen, unterscheiden sich meist stark von denen im Hochgebirge.

FLUSSUFER
Die Schwarz-Erle kommt vor allem an Flüssen und in anderen nassen Gebieten vor.

KÜSTEN
Die See-Kiefer kommt an Hängen der Mittelmeerküsten vor.

GEBIRGE
Nadelbäume, wie die Panzer-Kiefer, gedeihen in Gebirgsregionen.

Ginkgo

Ginkgos gehören zu den Samenpflanzen. Sie sind eine Gruppe von Nacktsamern, die vor etwa 250 Millionen Jahren erschienen und vor 100 Millionen Jahren den Höhepunkt ihrer Vielfalt erreichten. Etwa 40 Millionen Jahre später kam nur noch eine einzige sehr variable Art, Gingko adiantoides, vor. Sie ähnelte der einzigen heute noch existierenden Art *Ginkgo biloba*.

MERKMALE: *Die Blätter sind fächerförmig, die strahlenförmigen Adern entspringen an der Basis.*

Ginkgo

Ginkgo biloba (Ginkgoaceae)

Die einzige überlebende Art einer Baumgruppe, die erdgeschichtlich vor den Nadelbäumen verbreitet war, hat gekerbte Blätter an schlanken Stielen. Die Blätter sitzen in Büscheln an Kurztrieben. Die Blüten sind klein und gelbgrün. Die männlichen stehen in kätzchenähnlichen Blütenständen, die weiblichen einzeln oder in Paaren. Ihnen folgen fleischige Samen mit essbaren Kernen. Die verfaulenden Früchte riechen unangenehm.

HÖHE *30 m oder mehr.*
AUSBREITUNG *20 m.*
RINDE *Zunächst graubraun und glatt, später mit Rillen und Furchen.*
VORKOMMEN *Kultiviert (in Gärten, als Straßenbaum); stammt aus China.*
ÄHNLICHE ARTEN *Keine.*

Nadelbäume mit Nadeln

Die meisten Bäume dieser Gruppe sind immergrün, wie die Kiefern, Tannen, Fichten und Zedern, manche werfen auch ihre Nadeln ab, wie die Lärchen. Die Immergrünen haben ledrige Nadeln mit weißen Streifen aus Poren auf einer Seite. Die See-Kiefer (Bild) ist eine Art, die an den Küsten des Mittelmeers vorkommt.

KÜSTENTANNE

FELSENGEBIRGS-TANNE

KOREANISCHE TANNE

KÜSTENMAMMUTBAUM

Andentanne

Araucaria araucana (Araucariaceae)

Diese Art ist auch als Chilenische Tanne bekannt. Die immergrünen Triebe sind dicht mit eiförmigen, glänzend dunkelgrünen Blättern bedeckt, die in scharfen Spitzen enden. Die zapfenförmigen Blütenstände sind grün und färben sich später braun. Die zylindrischen männlichen erscheinen an Seitentrieben, die gerundeten weiblichen an den Enden der Triebe.

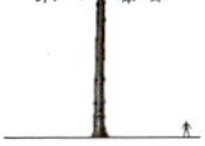

MERKMALE: *Überlappende Blätter bleiben oft viele Jahre lang am Stamm.*

HÖHE *30 m.*
AUSBREITUNG *15 m.*
RINDE *Grau und runzelig.*
BLÜTEZEIT *Sommer.*
VORKOMMEN *Kultiviert; stammt aus Südchile und Südargentinien.*
ÄHNLICHE ARTEN *Keine.*

Sicheltanne

Cryptomeria japonica (Cupressaceae)

MERKMALE: *Die schlanken Nadeln weisen nach vorne, die weiblichen Zapfen sitzen an den Spitzen der Triebe.*

Dieser kegelförmige immergrüne Baum trägt schlanke Nadeln, die an der Basis am breitesten sind und zu einer weichen Spitze auslaufen. Die männlichen Blüten in kleinen, gelbgrünen Büscheln stehen in den Blattachseln, die weiblichen bilden runde Zapfen, die von Grün zu Braun reifen.

HÖHE *30 m.* **AUSBREITUNG** *15 m.*
RINDE *Rotbraun, schält sich in faserigen Streifen.*
BLÜTE *Zeitiges Frühjahr.*
VORKOMMEN *Kultiviert; stammt aus Japan.*
ÄHNLICHE ARTEN Taiwania cryptomerioide, *die ähnliche, aber spitzere Nadeln hat, wenn sie jung ist.*

Chinesische Spießtanne

Cunninghamia lanceolata (Cupressaceae)

MERKMALE: *Runde Zapfen stehen an den Enden der Triebe und reifen von Grün zu Braun.*

Die immergrüne Chinesische Spießtanne ist kegelförmig, wenn sie jung ist, später wird sie säulenförmig. Die Nadeln tragen unterseits zwei weiße Streifen, sind zugespitzt und stehen nach allen Seiten ab. Die männlichen Blütenstände sind gelbbraun, die weiblichen gelbgrün. Beide sitzen an den Enden der Triebe.

HÖHE *25 m.*
AUSBREITUNG *10 m.*
RINDE *Rotbraun, gefurcht.*
BLÜTEZEIT *Frühjahr.*
VORKOMMEN *Kultiviert; stammt aus Südchina und Vietnam.*
ÄHNLICHE ARTEN *Keine; die langen, spitzen Nadeln und runden Zapfen sind typisch.*

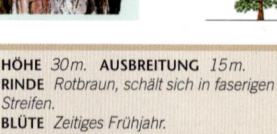

Gewöhnlicher Wacholder

Juniperus communis (Cupressaceae)

Der Wuchs des immergrünen Gewöhnlichen Wacholders variiert zwischen buschig und ausladend zu aufrecht und baumförmig. Die spitzen Nadeln sind auf beiden Seiten glänzend grün und tragen einen breiten weißen Streifen auf der Oberseite. Sie stehen in Quirlen zu dreien. Die Blüten sind sehr klein, die männlichen gelb, weibliche grün. Sie erscheinen in Büscheln an verschiedenen Pflanzen. Weibliche Pflanzen tragen fleischige, blauschwarze, beerenähnliche Zapfen, die zunächst weiß bereift sind. Der kriechende *J. communis* var. *montana* ist in alpinen Regionen häufig.

MERKMALE: *Kriechend oder buschförmig, manchmal baumförmig. Die Art ist im Wuchs sehr variabel.*

HÖHE *6 m.*
AUSBREITUNG *1–3 m.*
RINDE *Rotbraun mit Furchen, schält sich in vertikalen Streifen.*
BLÜTEZEIT *Frühjahr.*
VORKOMMEN *Heidegebiete und Hügelland mit kalkhaltigem Boden.*
ÄHNLICHE ARTEN *Rotbeeriger Wacholder (S. 16), dessen Blätter oberseits zwei weiße Streifen tragen, mit rotbraunen Früchten; in Südeuropa häufiger als der Gewöhnliche Wacholder.*

ANMERKUNG

Dieser Wacholder ist der einzige einheimische in Nordeuropa. Die Frucht braucht zwei Jahre, um zu reifen. Man findet sie zu jeder Jahreszeit.

Syrischer Wacholder

Juniperus drupacea (Cupressaceae)

Dieser immergrüne Baum hat einen dichten kegel- bis säulenförmigen Wuchs. Die spitzen Nadeln sind unterseits grün und tragen oberseits zwei blau-weiße Streifen. Die großen fleischigen Zapfen, die für Wacholder typisch sind, sind zunächst grün und reifen zu Violettschwarz.

MERKMALE: *Die orangebraune Rinde schält sich, wie bei den meisten Wacholderarten, in vertikalen Streifen.*

HÖHE *15 m.*
AUSBREITUNG *3 m.*
BLÜTEZEIT *Frühjahr.*
VORKOMMEN *Trockenes Hügelland in Südgriechenland.*
ÄHNLICHE ARTEN *Gewöhnlicher Wacholder (S. 15), der ähnliche Blüten hat; andere Wacholderarten, die kleinere Zapfen haben.*

Rotbeeriger Wacholder

Juniperus oxycedrus (Cupressaceae)

Dieser immergrüne, große Strauch oder kleine Baum mit kegelförmigem bis ausladendem Wuchs trägt nadelförmige Blätter in Quirlen zu dreien. Sie sind unterseits dunkelgrün und haben oberseits zwei weiße Streifen. Die Blüten in Büscheln sind klein, die männlichen gelb, die weiblichen grün, und erscheinen an getrennten Pflanzen. Die runden, beerenähnlichen Zapfen reifen von Rotbraun zu Violett.

MERKMALE: *Die beerenähnlichen Zapfen reifen zu Violett. Sie sitzen zwischen den dunkelgrünen, spitzen Blättern.*

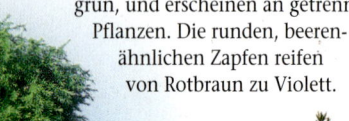

HÖHE *15 m.*
AUSBREITUNG *10 m.*
RINDE *Rotbraun bis violettbraun, schält sich in langen Streifen.*
BLÜTEZEIT *Frühjahr.*
VORKOMMEN *Trockenes Hügelland in Südeuropa.*
ÄHNLICH *Gewöhnlicher Wacholder (S. 15).*

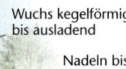

Urwelt-Mammutbaum

Metasequoia glyptostroboides (Taxodiaceae)

Dieser große, Laub abwerfende Baum mit kegelförmigem Wuchs hat schlanke, weiche, nadelförmige Blätter, die im Frühjahr hellgrün sind und sich später dunkelgrün färben. Sie stehen gegenständig an Seitentrieben, die im Herbst abfallen. Die Blüten sind klein, die männlichen erscheinen in herabhängenden, kätzchenähnlichen Blütenständen, allerdings nur in Gegenden mit heißen Sommern. Die grünen weiblichen Blüten entwickeln sich auch ohne männliche zu runden, grünen Zapfen, die braun reifen.

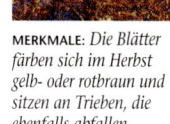

MERKMALE: *Die Blätter färben sich im Herbst gelb- oder rotbraun und sitzen an Trieben, die ebenfalls abfallen.*

ANMERKUNG

An Wuchsform, Rinde, gegenständigen Trieben und Knospen ist dieser Baum auch im Winter zu erkennen.

HÖHE *30 m.*
AUSBREITUNG *10 m.*
BLÜTEZEIT *Zeitiges Frühjahr.*
RINDE *Rotbraun, schält sich in Streifen, wenn der Baum älter wird.*
VORKOMMEN *Kultiviert; stammt aus Zentralchina.*
ÄHNLICHE ARTEN *Zweizeilige Sumpfzypresse (S. 19), die wechselständige Seitentriebe hat und viel später Laub trägt; bringt an der Basis Atemwurzeln hervor.*

MERKMALE: *Nadelförmige Blätter mit Spitzen an beiden Seiten der Triebe.*

Küstenmammutbaum

Sequoia sempervirens (Taxodiaceae)

Der Küstenmammutbaum ist der höchste Baum der Welt und kann in freier Natur 100 m hoch werden. Die dunkelgrünen Nadeln tragen unterseits zwei weiße Streifen. Die Blüten sitzen in Büscheln an den Enden der Triebe, die männlichen sind grün, die weiblichen rotbraune, verholzte Zapfen.

HÖHE *30–50 m.*
AUSBREITUNG *15 m.*
RINDE *Rotbraun, dick, weich und faserig.*
BLÜTEZEIT *Später Winter und zeitiges Frühjahr.*
VORKOMMEN *Kultiviert; stammt aus den USA (Oregon und Kalifornien).*
ÄHNLICHE ARTEN *Mammutbaum (unten), der andere Nadeln und viel größere Zapfen trägt.*

MERKMALE: *Die faserige Rinde verleiht Mammutbaum-Wäldern einen typischen erdigen Geruch.*

Mammutbaum

Sequoiadendron giganteum (Taxodiaceae)

Dieser Immergrüne mit kegelförmigem Wuchs wird in seiner Heimat Kalifornien über 80 m hoch. Die dunkelgrünen Nadeln sind klein und schlank, bis 8 mm lang und enden in Spitzen. Sie fühlen sich rau an. Die Blüten sind klein, die männlichen gelb, die weiblichen grün. Sie entwickeln sich zu eiförmigen, verholzten Zapfen, die von Grün zu Braun reifen.

HÖHE *30–50 m.*
AUSBREITUNG *15 m.*
RINDE *Rotbraun, dick, weich und faserig.*
BLÜTEZEIT *Zeitiges Frühjahr.*
VORKOMMEN *Kultiviert; stammt aus den USA (Kalifornien).*
ÄHNLICH *Küstenmammutbaum (oben), der kleinere Zapfen und Nadeln hat.*

Zweizeilige Sumpfzypresse

Taxodium distichum (Taxodiaceae)

Die zweizeilige Sumpfzypresse hat anfangs einen kegelförmigen Wuchs und wird im Alter säulenförmig. Die Laub abwerfenden Triebe stehen wechselständig an den Zweigen. Die kleinen männlichen Blüten hängen in bis zu 20 cm langen Kätzchen. Die grünen weiblichen Blüten sitzen in Büscheln an der Basis der männlichen Kätzchen und entwickeln sich zu runden grünen, bis zu 3 cm breiten Zapfen, die braun reifen. Wenn sie am Wasser wachsen, entwickeln die Bäume meist Atemwurzeln, verholzte Auswüchse, die um den Baum herum aufrecht aus dem Boden ragen.

MERKMALE: *Die weichen, flachen Nadeln sitzen an beiden Seiten der Triebe.*

ANMERKUNG

Die Nadeln, die im Herbst abfallen, die wechselständigen Triebe und die Atemwurzeln sind charakteristische Merkmale.

HÖHE *30 m.*
AUSBREITUNG *15 m.*
RINDE *Graubraun bis rotbraun, dünn und rau, schält sich in senkrechten Streifen.*
BLÜTEZEIT *Frühjahr.*
VORKOMMEN *Kultiviert; stammt aus dem Südosten der USA.*
ÄHNLICHE ARTEN *Urwelt-Mammutbaum (S. 17), dessen Nadeln an gegenständigen Trieben sitzen; trägt früher im Jahr Nadeln und bringt keine Atemwurzeln hervor.*

MERKMALE: *Die weißen oder grünlich weißen Bänder an der Unterseite der Nadeln lassen diese silbrig wirken. Die langen, an der Spitze gekerbten Nadeln weisen nach zwei Seiten.*

Weiß-Tanne

Abies alba (Pinaceae)

Dieser immergründe Baum ist zunächst kegelförmig und wird im Alter säulenförmig. Die Triebe sind dicht mit Nadeln besetzt und enden in rotbraunen Knospen, die meist nicht klebrig sind. Die schlanken, oberseits glänzend dunkelgrünen Blätter tragen unterseits zwei weiße oder grünlich weiße Bänder. Die gelben männlichen Blütenstände hängen herab, die weiblichen sind grün und aufrecht und entwickeln sich zu aufrechten, zylinderförmigen Zapfen, deren Fruchtschuppen herausragen.

ANMERKUNG

Die Weiß-Tanne ist eine der häufigsten Tannen in europäischen Gebirgen. Sie wird oft in Forsten gepflanzt. In vielen Teilen Europas verwendet man sie als Weihnachtsbaum.

HÖHE *50 m.* **AUSBREITUNG** *15 m.*
RINDE *Grau und glatt, an älteren Bäumen schält sie sich manchmal in Platten.*
BLÜTEZEIT *Frühjahr.*
VORKOMMEN *Gebirgswälder, von den Pyrenäen und Alpen bis zum Balkangebirge.*
ÄHNLICHE ARTEN *König Boris-Tanne (rechts); Fichten* (Picea) *werden mit Tannen verwechselt, haben aber hängende Zapfen, die als Ganze abfallen.*

König-Boris-Tanne

Abies borisii-regis (Pinaceae)

Diese Art (möglicherweise eine Hybride) zeigt Merkmale der Weiß-Tanne (links) sowie der Griechischen Tanne. Die Nadeln tragen unterseits zwei weiße Bänder und stehen an behaarten Trieben, die in klebrigen Knospen enden. Die männlichen Blütenstände sind gelb, die weiblichen grün und entwickeln sich zu zylindrischen, bis zu 15 cm langen Zapfen.

MERKMALE: *Die spitzen, linealen, glänzenden, dunkelgrünen Blätter mit weißen Unterseiten weisen nach zwei Seiten.*

HÖHE *30 m.*
AUSBREITUNG *15 m.*
RINDE *Grau und glatt, springt im Alter auf.*
BLÜTEZEIT *Frühjahr.*
VORKOMMEN *Gebirge von Bulgarien bis Nordgriechenland.*
ÄHNLICHE ARTEN *Weiß-Tanne (links), die blassere weiße Streifen auf den Nadeln hat; Griechische Tanne (unten), glattere Triebe.*

Griechische Tanne

Abies cephalonica (Pinaceae)

Diese Tanne ist anfangs kegelförmig und wird im Alter säulenförmig. Die Nadeln sind schlank und spitz und tragen unterseits zwei weiße Streifen. Die männlichen Blütenstände sind gelb, die weiblichen grün und entwickeln sich zu aufrechten, zylindrischen Zapfen, die am Baum zerfallen. Die Spitzen der Fruchtschuppen stehen zwischen den Zapfenschuppen hervor und weisen nach unten.

MERKMALE: *Braune aufrechte Zapfen, 15 cm lang, mit hervorstehenden, nach unten weisenden Fruchtschuppen.*

HÖHE *30 m.*
AUSBREITUNG *15 m.*
RINDE *Dunkelgrau und glatt, springt bei älteren Bäumen in Platten auf.*
BLÜTEZEIT *Frühjahr.*
VORKOMMEN *Gebirge in Griechenland.*
ÄHNLICHE ARTEN *König-Boris-Tanne (oben), die behaarte Triebe hat.*

Colorado-Tanne

Abies concolor (Pinaceae)

MERKMALE: *Lange Nadeln, die oberseits der Triebe nach oben weisen und unterseits ausladend sind.*

Die schlanken Nadeln sind auf beiden Seiten blaugrün bis graugrün und haben stumpfe Spitzen. Die männlichen Blütenstände hängen herab und sind zunächst rot, dann gelb. Die weiblichen Blütenstände sind gelbgrün und aufrecht und reifen zu aufrechten, zylindrischen, grünen, später braunen Zapfen, die am Baum zerfallen.

HÖHE *30 m.* **AUSBREITUNG** *10 m.*
RINDE *Grau und glatt bei jungen Bäumen, später schuppig und gefurcht.*
BLÜTEZEIT *Frühjahr.*
VORKOMMEN *Kultiviert; stammt aus dem Westen der USA und der Baja California.*
ÄHNLICHE ARTEN *Keine andere Art hat Nadeln, die auf beiden Seiten blaugrün sind.*

Küstentanne

Abies grandis (Pinaceae)

MERKMALE: *Die Nadeln sitzen ausgebreitet in zwei Reihen an beiden Seiten der Triebe.*

Die schlanken Nadeln dieser schnellwüchsigen, großen Tanne sind oberseits kräftig grün, unterseits tragen sie zwei weiße Streifen. Sie sitzen regelmäßig an beiden Seiten der Triebe. Die männlichen Blütenstände hängen herab und sind gelb oder rot, bevor sie sich öffnen. Die aufrechten, grünen weiblichen Blütenstände reifen zu zylindrischen Zapfen, die zunächst grün, später braun sind.

HÖHE *50 m oder mehr.* **AUSBREITUNG** *15 m.*
RINDE *Graubraun und glatt bei jungen Bäumen, im Alter Risse.*
BLÜTEZEIT *Frühjahr.*
VORKOMMEN *Kultiviert (in Gärten und Forsten); stammt aus dem Westen Nordamerikas.*
ÄHNLICHE ARTEN *Keine – die Anordnung der Nadeln ist charakteristisch.*

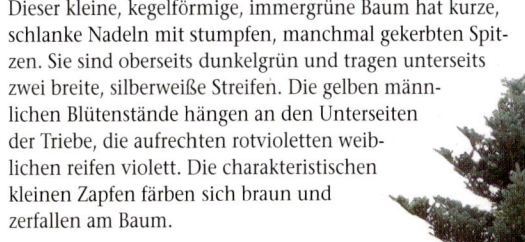

Koreanische Tanne

Abies koreana (Pinaceae)

Dieser kleine, kegelförmige, immergrüne Baum hat kurze, schlanke Nadeln mit stumpfen, manchmal gekerbten Spitzen. Sie sind oberseits dunkelgrün und tragen unterseits zwei breite, silberweiße Streifen. Die gelben männlichen Blütenstände hängen an den Unterseiten der Triebe, die aufrechten rotvioletten weiblichen reifen violett. Die charakteristischen kleinen Zapfen färben sich braun und zerfallen am Baum.

MERKMALE: *Aufrechte, anfangs violette Zapfen sitzen in Büscheln zwischen den glänzenden, dunkelgrünen Nadeln.*

HÖHE *10 m.*
AUSBREITUNG *3 m.*
RINDE *Dunkel graubraun, zunächst glatt, im Alter Risse.*
BLÜTEZEIT *Frühjahr.*
VORKOMMEN *Kultiviert; stammt aus Südkorea.*
ÄHNLICHE ARTEN *Keine.*

Felsengebirgs-Tanne

Abies lasiocarpa (Pinaceae)

Dieser schmal kegelförmige, immergrüne Baum wird im Alter säulenförmig. Die schlanken Nadeln sind graugrün mit gekerbter Spitze und unterseits zwei weißen Streifen. Die männlichen Blütenstände sind rot getönt, bevor sie sich öffnen, dann gelb. Die weiblichen Blütenstände stehen getrennt und sind violett. Sie reifen zu aufrechten, zylindrischen, bis 10 cm langen Zapfen, die sich später braun färben.

MERKMALE: *Die langen, schmalen Nadeln stehen oberseits der Triebe aufrecht, die in der Mitte weisen nach vorne.*

HÖHE *20 m.* **AUSBREITUNG** *8 m.*
RINDE *Grau und glatt, mit Harzblasen.*
BLÜTEZEIT *Frühjahr.*
VORKOMMEN *Kultiviert; stammt aus dem Westen Nordamerikas.*
ÄHNLICHE ARTEN *Edle Tanne (S. 27), die größere Zapfen hat;* A. lasiocarpa *var.* arizonica, *die blauere Nadeln und eine korkige Rinde hat.*

MERKMALE: *Gedrungene Triebe tragen die zylindrischen, dunkelbraunen, an der Spitze abgerundeten Zapfen und die männlichen Blütenstände.*

Nebrodi-Tanne

Abies nebrodensis (Pinaceae)

Diese sehr seltene Art, von der an ihrem natürlichen Standort nur noch wenige Exemplare vorhanden sind, ist ein breiter, kegelförmiger Baum mit gedrungenen, fast weichen Trieben, die in klebrigen Knospen enden. Die relativ kurzen Nadeln sind oberseits dunkelgrün und tragen unterseits zwei weiße Streifen. Die männlichen Blütenstände sind gelbgrün und sitzen unten an den Trieben, die weiblichen sind grün und aufrecht und reifen zu aufrechten, zylindrischen Zapfen, die am Baum zerfallen.

HÖHE *15 m.*
AUSBREITUNG *10 m.*
RINDE *Orangebraun, im Alter mit Rissen.*
BLÜTEZEIT *Frühjahr.*
VORKOMMEN *Berghänge im Norden Siziliens.*
ÄHNLICHE ARTEN *Weiß-Tanne (S. 20), die längere Nadeln und keine klebrigen Knospen trägt und in den europäischen Gebirgen viel weiter verbreitet ist.*

ANMERKUNG

Diese Art ist die einzige Tanne, die auf Sizilien einheimisch ist. Dort ist wegen Abholzung nur noch ein kleiner Bestand erhalten.

Nordmanns-Tanne

Abies nordmanniana (Pinaceae)

Dieser kräftige, immergrüne Baum hat einen kegelförmigen Wuchs. Die wechselständigen, schlanken Nadeln stehen dicht. Die auf der Unterseite der Triebe sind waagrecht ausgebreitet, oberseits weisen sie nach vorne. Gelbe, anfangs manchmal rote männliche Blütenstände hängen unten an den Zweigen. Die weiblichen Blütenstände sind grün und aufrecht und stehen getrennt an den Spitzen der Zweige. Die breit zylindrischen, aufrechten Zapfen sind anfangs grün und reifen zu violettbraun. Sie haben auffällige, zwischen den Schuppen hervorragende, nach unten gebogene Fruchtschuppen. Die Zapfen zerfallen am Baum, wenn sie reif sind.

MERKMALE: *Die länglichen, an der Spitze gekerbten Nadeln sind glänzend dunkelgrün und tragen unterseits zwei weiße Streifen.*

ANMERKUNG

Die üppigen, nach vorne weisenden Nadeln und die Fruchtschuppen der Zapfen unterscheiden diese Art von anderen Tannen.

HÖHE *30 m oder mehr.* **AUSBREITUNG** *15 m.*
RINDE *Grau und glatt, springt im Alter in kleinen Platten auf.*
BLÜTEZEIT *Frühjahr.*
VORKOMMEN *Kultiviert (manchmal in Forsten oder als Weihnachtsbaum angepflanzt); stammt aus dem Kaukasus und der nordöstlichen Türkei.*
ÄHNLICHE ARTEN *Einige eher seltene Arten, wie die Griechische Tanne (S. 21) und die Edle Tanne (S. 27), sind die ähnlichsten Arten. Die nahe verwandte Bornmüllers Tanne* A. bornmuelleriana *hat glatte Triebe.*

MERKMALE: *Die graugrünen bis graublauen Nadeln stehen nach allen Seiten ab.*

Spanische Tanne

Abies pinsapo (Pinaceae)

Dieser charakteristische, breit kegelförmige, immergrüne Baum hat lineale, steife, graugrüne bis blaugrüne Nadeln. Sie stehen dicht nach allen Richtungen. Bei jungen Bäumen sind sie spitz, später stumpf. Die männlichen Blütenstände, die an der Unterseite der Zweige sitzen, sind zunächst rot, später öffnen sie sich gelb. Die weiblichen Blütenstände stehen getrennt und sind grün und aufrecht. Die Zapfen sind spitz und reifen von Grün zu Braun. Sie zerfallen am Baum.

HÖHE *20 m.*
AUSBREITUNG *10 m.*
RINDE *Dunkelgrau, glatt, springt im Alter in kleine, rechteckige Platten auf.*
BLÜTEZEIT *Frühjahr.*
VORKOMMEN *Gebirgshänge um Ronda in Südspanien, wird auch als Straßenbaum gepflanzt.*
ÄHNLICHE ARTEN *Die einzige in ihrem Verbreitungsgebiet einheimische Tanne kann nur mit einigen seltenen nordafrikanischen Arten verwechselt werden.*

ANMERKUNG

Die Nadeln, die nach allen Seiten abstehen, unterscheiden diese Art von anderen Tannen. Manche Sorten wie 'Glauca' haben blauere Nadeln.

Edle Tanne

Abies procera (Pinaceae)

Die Edle Tanne ist schmal kegelförmig, wenn sie jung ist, und wird später säulenförmig. Die linealen Nadeln sind oberseits blau- bis graugrün und tragen unterseits zwei silberne Streifen. Sie stehen dicht an den behaarten Trieben, oberseits nach allen Seiten, unterseits nach zwei Seiten. Die männlichen Blütenstände sind gelb mit roter Tönung und sitzen unten an den Zweigen. Die weiblichen Blütenstände stehen getrennt und sind aufrecht und rötlich oder grün. Die reifen Zapfen zerfallen am Baum.

MERKMALE: *Aufrechte, braune Zapfen, die bis zu 25 cm lang sind, sind dicht mit langen, nach unten weisenden Samenschuppen bedeckt.*

HÖHE *40 m oder höher.*
AUSBREITUNG *15 m.*
RINDE *Hell silbergrau, springt im Alter auf.*
BLÜTEZEIT *Frühjahr.*
VORKOMMEN *Kultiviert in Gärten und Forsten, stammt aus dem Westen der USA.*
ÄHNLICHE ARTEN *Andere Tannenarten, wie die Felsengebirgs-Tanne (S. 23), die Zapfen mit unauffälligeren Samenschuppen hat.*

Atlas-Zeder

Cedrus atlantica (Pinaceae)

Diese Immergrüne hat dunkel- bis blaugrüne, schlanke Nadeln, die bis zu 2 cm lang werden. Sie stehen in Büscheln an Kurztrieben. Die Spitzen der Zweige sind aufwärts gebogen. Die männlichen Blütenstände sind gelbbraun und aufrecht. Die weiblichen reifen in einem Jahr zu fassförmigen Zapfen, die zunächst grün sind und sich in zwei bis drei Jahren braun färben.

MERKMALE: *Die fassförmigen Zapfen brechen am Baum auf, wenn sie reifen.*

HÖHE *30 m.*
AUSBREITUNG *20 m.*
RINDE *Dunkelgrau, springt an alten Bäumen in schuppige Plättchen auf.*
BLÜTEZEIT *Herbst.*
VORKOMMEN *Kultiviert; stammt aus dem Atlasgebirge in Algerien und Marokko.*
ÄHNLICHE ARTEN *Libanon-Zeder (S. 28), die einen abgeflachten, gedrehten Wuchs hat.*

Himalaya-Zeder

Cedrus deodara (Pinaceae)

Dieser breit säulenförmige, immergrüne Baum hat längere Nadeln als andere Zedernarten. Sie sind grün bis graugrün und schlank und stehen in dichten Büscheln an Kurztrieben. Die aufrechten männlichen Blütenstände werden bis 7 cm lang, sind violett und färben sich gelb, wenn sie sich öffnen und den Pollen entlassen. Die kleinen weiblichen Blütenstände reifen in einem Jahr zu fassförmigen Zapfen.

MERKMALE: *Die fassförmigen Zapfen sind zunächst grün und reifen später violettbraun.*

HÖHE *30 m.* **AUSBREITUNG** *15 m.*
RINDE *Dunkelgrau, im Alter senkrechte Risse.*
BLÜTEZEIT *Herbst.*
VORKOMMEN *Kultiviert; stammt aus dem Himalaya, von Afghanistan bis Tibet.*
ÄHNLICHE ARTEN *Andere Zedern-Arten* (Cedrus), *keine hat jedoch die typischen nickenden Zweigspitzen.*

Libanon-Zeder

Cedrus libani (Pinaceae)

Dieser immergrüne Baum ist säulenförmig, wenn er jung ist, entwickelt im Alter jedoch seine charakteristische breite Krone mit abgeflachten, gedrehten Ästen. Die Nadeln sind dunkelgrün bis graugrün und schlank und stehen in dichten Büscheln an Kurztrieben. Die männlichen Blütenstände, die sich gelbbraun öffnen, sind aufrecht und bis zu 5 cm lang. Die weiblichen sind sehr klein und reifen zu braunen, fassförmigen Zapfen.

MERKMALE: *Die ausladenden Äste verleihen dieser Art ihr typisches, stockwerkartiges Aussehen.*

HÖHE *30 m.* **AUSBREITUNG** *20 m.*
RINDE *Dunkelgrau, springt bei älteren Bäumen auf.*
BLÜTEZEIT *Herbst.*
VORKOMMEN *Kultiviert; stammt aus dem Libanon, Syrien und der Türkei.*
ÄHNLICHE ARTEN *Atlas-Zeder (S. 27), die aufwärts gebogene Zweigspitzen hat.*

Europäische Lärche

Larix decidua (Pinaceae)

Diese schnellwüchsige Art wirft im Herbst ihre Nadeln ab. Die schlanken, weichen, hellgrünen Nadeln werden bis zu 4 cm lang. Sie öffnen sich im zeitigen Frühjahr und färben sich im Herbst gelb. Sie stehen in dichten Büscheln an Kurztrieben an den typischen langen gelben Zweigen. Die männlichen Blütenstände an der Unterseite der Zweige sind gelb, die aufrechten weiblichen rot oder gelb. Die eiförmigen Zapfen haben nach oben gebogene Schuppen und reifen im ersten Herbst nach der Blüte.

MERKMALE: *Die ovalen roten jungen Zapfen sind an den schlanken, herabhängenden Zweigen deutlich sichtbar. Sie stehen zwischen den Nadelbüscheln.*

ANMERKUNG

Die Nadeln, die im Herbst abfallen, die aufrechten Zapfenschuppen und gelblichen Zweige unterscheiden diese Art von anderen.

HÖHE *30–40 m.*
AUSBREITUNG *15 m.*
RINDE *Grau und glatt, wird rotbraun und springt im Alter in schuppige Platten auf.*
BLÜTEZEIT *Frühjahr.*
VORKOMMEN *Gebirgswälder in Mitteleuropa, wird anderswo häufig in Forsten angepflanzt.*
ÄHNLICHE ARTEN *Japanische Lärche (S. 30), die Zapfen mit nach außen gebogenen Schuppen hat.*

Japanische Lärche

Larix kaempferi (Pinaceae)

MERKMALE: *Die Zapfen mit den zurückgebogenen Schuppen sehen wie Rosetten aus.*

Diese Lärche trägt typische schlanke, weiche, blau- bis graugrüne Nadeln, die im zeitigen Frühjahr erscheinen und sich im Herbst gelb färben, bevor sie abfallen. Sie stehen in dichten Büscheln an Kurztrieben. Die männlichen Blütenstände sind gelb und sitzen an den Unterseiten der Zweige, die aufrechten creme- bis rosafarbenen weiblichen Blütenstände sind größer und sitzen an den Oberseiten.

HÖHE *30 m.* **AUSBREITUNG** *15 m.*
RINDE *Rotbraun, springt im Alter in schuppige Platten auf.*
BLÜTEZEIT *Frühjahr.*
VORKOMMEN *Kultiviert (auch in Forsten); stammt aus Japan.*
ÄHNLICHE ARTEN *Europäische Lärche (S. 29), aufrechte Zapfenschuppen, hellgrüne Nadeln.*

Larix x marschlinsii

Larix x marschlinsii (Pinaceae)

MERKMALE: *Die eiförmigen Zapfen haben leicht nach außen gebogene Schuppen.*

Diese Lärche ist eine Kreuzung zwischen der Europäischen Lärche (S. 29) und der Japanischen Lärche (oben). Die schlanken, weichen, graugrünen bis grünen Nadeln, die sich im Herbst gelb färben, stehen in dichten Büscheln an Kurztrieben. Die männlichen Blütenstände sind gelb und hängen herab, die aufrechten weiblichen Blütenstände sind creme- bis rosafarben oder rot.

HÖHE *30 m.* **AUSBREITUNG** *15 m.*
RINDE *Rotbraun, schuppt sich im Alter.*
BLÜTEZEIT *Frühjahr.*
VORKOMMEN *Kultiviert, kann oft aus Samen von Japanischen Lärchen (oben) gezogen wer- den, die neben Europäischen Lärchen (S. 29) gepflanzt wurden.*
ÄHNLICHE ARTEN *Keine.*

Fichte

Picea abies (Pinaceae)

Die kräftige, aufrechte Fichte wird sehr groß. Aus dieser Art wurden viele Sorten gezüchtet. Die schlanken, vierkantigen, dunkelgrünen Nadeln sind spitz und stehen an kräftigen orangebraunen Zweigen. Die Blütenstände beider Geschlechter stehen getrennt am selben Baum. Die männlichen sind aufrecht und zunächst rötlich, wenn sie reifen und den Pollen entlassen, färben sie sich gelb. Auch die weiblichen Blütenstände sind zunächst aufrecht und rot. Sie entwickeln sich zu hängenden grünen Zapfen, die braun reifen.

MERKMALE: *Die Schuppen der hängenden braunen Zapfen sind an den Spitzen gekerbt. Die Zapfen fallen als Ganze vom Baum.*

ANMERKUNG

Diese Art ist die in Europa einheimische Fichte. Sie wird oft als Weihnachtsbaum verwendet. Aus ihr wurden viele Gartensorten gezüchtet, darunter viele Zwergformen.

HÖHE *50 m.*
AUSBREITUNG *15 m.*
RINDE *Violett, schuppt sich im Alter in Platten.*
BLÜTEZEIT *Spätes Frühjahr.*
VORKOMMEN *Wälder von Skandinavien bis zu den Alpen und Griechenland, im Süden des Verbreitungsgebiets im Gebirge. Wird oft in Forsten oder als Zierform in Gärten gepflanzt.*
ÄHNLICHE ARTEN *Serbische Fichte (S. 32), die kleinere Zapfen hat.*

MERKMALE: *Die flachen Nadeln stehen vor allem an der Oberseite der behaarten Zweige.*

Serbische Fichte

Picea omorika (Pinaceae)

Die Serbische Fichte ist kegelförmig, wenn sie jung ist, und wird später schmal säulenförmig mit herabhängenden Zweigen. Die schlanken, flachen Nadeln sind oberseits glänzend dunkelgrün und tragen unterseits zwei weiße Streifen. Männliche und weibliche Blütenstände stehen getrennt. Die männlichen sind anfangs rot und färben sich gelb, wenn sie sich öffnen und den Pollen entlassen. Die weiblichen Blütenstände sind rot und reifen im selben Jahr zu hängenden, schmal eiförmigen, violettbraunen Zapfen, die bis zu 6 cm lang werden und als Ganze vom Baum fallen, wenn sie reif sind. *P. omorika* 'Pendula' ist eine Gartenform mit auffallend herabhängenden Zweigen.

Kegel- bis säulenförmiger Wuchs

Nadeln bis 2 cm lang

Unterseits zwei weiße Streifen

HÖHE *30 m.*
AUSBREITUNG *10 m.*
RINDE *Violettbraun, springt im Alter in schuppige Platten auf.*
BLÜTEZEIT *Spätes Frühjahr.*
VORKOMMEN *Einheimisch nur im Kalksteingebirge nahe des Flusses Drina in Serbien, anderswo häufig angepflanzt.*
ÄHNLICHE ARTEN *Sitka-Fichte (S. 34), die keine herabhängenden Zweige hat.*

ANMERKUNG

Diese Art ist in freier Natur selten und bedroht, da sie mit der vielerorts angepflanzten Fichte (S. 31) hybridisiert.

Kaukasus-Fichte

Picea orientalis (Pinaceae)

Die Kaukasus-Fichte hat einen dichten Wuchs und ist zunächst kegelförmig, im Alter wird sie säulenförmig. Die Nadeln an den behaarten Zweigen weisen nach vorne. Männliche und weibliche Blütenstände stehen getrennt am selben Baum. Die männlichen sind zunächst rot und öffnen sich gelb. Die weiblichen sind rot und reifen zu hängenden Zapfen. Diese sind zunächst violett, später braun und harzig. Sie fallen als Ganze vom Baum.

MERKMALE: *Die kurzen, festen Nadeln sind dunkelgrün und vierkantig und enden in einer stumpfen Spitze.*

ANMERKUNG

Die Sorte 'Aurea', die häufig in Gärten gepflanzt wird, ist mit ihren leuchtend gelben jungen Nadeln auffällig.

HÖHE *40 m oder mehr.* **AUSBREITUNG** *10 m.*
RINDE *Braun mit rosafarbener Tönung, schält sich manchmal in kleinen Platten, wenn der Baum älter wird.*
BLÜTEZEIT *Spätes Frühjahr.*
VORKOMMEN *Kultiviert; stammt aus dem Kaukasus und der nordöstlichen Türkei.*
ÄHNLICHE ARTEN *Keine – die sehr kurzen Nadeln und schmalen Zapfen sind charakteristisch.*

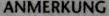

MERKMALE: *Die länglichen Zapfen haben Schuppen mit gezähnten Spitzen und reifen braun.*

Blau-Fichte

Picea pungens (Pinaceae)

Diese Fichte mit dichtem Wuchs ist zunächst schmal und säulenförmig, später wird sie säulenförmig. Die vierkantigen Nadeln sind kräftig und sehr spitz, die Farbe variiert zwischen graugrün und silberblau. Die männlichen Blütenstände sind zunächst rot und färben sich gelb. Die weiblichen sind grün und stehen getrennt. Die reifen Zapfen fallen als Ganze vom Baum.

HÖHE *25 m.*
AUSBREITUNG *7 m.*
RINDE *Violettgrau, schuppig.*
BLÜTEZEIT *Spätes Frühjahr.*
VORKOMMEN *Kultiviert; stammt aus dem Westen der USA (Rocky Mountains).*
ÄHNLICHE ARTEN *Keine – die blauen, spitzen Nadeln sind charakteristisch.*

MERKMALE: *Die hängenden hellbraunen Zapfen fallen als Ganze vom Baum.*

Sitka-Fichte

Picea sitchensis (Pinaceae)

Dieser große, kräfige Baum mit kegelförmigem Wuchs hat glatte Zweige, die weiß bis hellbraun sind. Die schlanken, dunkelgrünen Nadeln sind flach und spitz und tragen unterseits zwei weiße Streifen. Die männlichen Blütenstände sind rot, die weiblichen grün, ihnen folgen hängende braune Zapfen.

HÖHE *50 m.* **AUSBREITUNG** *15 m.*
RINDE *Violettgrau, schuppt sich in großen Platten.*
BLÜTEZEIT *Spätes Frühjahr.*
VORKOMMEN *Kultiviert (teilweise in Forsten); stammt aus dem Westen Nordamerikas.*
ÄHNLICHE ARTEN *Keine – keine andere häufige Fichte hat flache, spitze Nadeln.*

Kalabrische Kiefer

Pinus brutia (Pinaceae)

Diese kegel- bis säulenförmige immergrüne Kiefer hat schlanke, spitze, dunkelgrüne Nadeln, die in Paaren stehen. Die gelben männlichen Blütenstände stehen an der Basis der Zweige, die weiblichen an den Spitzen. Die glänzenden braunen Zapfen an kurzen Stielen reifen im zweiten Herbst und fallen als Ganze vom Baum.

MERKMALE: *Alte Bäume können am natürlichen Standort sehr groß werden.*

HÖHE *20 m.*
AUSBREITUNG *10 m.*
RINDE *Orangebraun, springt im Alter auf.*
BLÜTEZEIT *Spätes Frühjahr bis Frühsommer.*
VORKOMMEN *Im Mittelmeergebiet von Bulgarien bis Griechenland und Türkei.*
ÄHNLICHE ARTEN *See-Kiefer (S. 37), die weiterverbreitet ist und heller grüne Nadeln hat.*

Kanarische Kiefer

Pinus canariensis (Pinaceae)

Diese Kiefer ist zunächst kegelförmig und wird später säulenförmig. Sie hat schlanke, dunkelgrüne Nadeln mit rauen Rändern, die an dreizähligen Kurztrieben stehen. Junge Pflanzen haben hell silberblaue Nadeln, die einzeln stehen und manchmal mehrere Jahre am Baum bleiben. Im zweiten Herbst reifen die lang gestielten, 20 cm langen Zapfen.

MERKMALE: *Diese Kiefern sind typisch kegelförmig, wenn sie jung sind, und wachsen an den vulkanischen Gebirgshängen der Kanarischen Inseln.*

HÖHE *30 m.*
AUSBREITUNG *15 m.*
RINDE *Orangebraun, dick.*
BLÜTEZEIT *Spätes Frühjahr bis Frühsommer.*
VORKOMMEN *Kultiviert (in Plantagen im Mittelmeergebiet), auf den Kanarischen Inseln einheimisch.*
ÄHNLICHE ARTEN *Keine.*

MERKMALE: *Die schlanken Nadeln stehen an fünfteiligen Kurztrieben und sind an den Außenseiten kräftig grün, an den Innenseiten blaugrau.*

Zirbel-Kiefer

Pinus cembra (Pinaceae)

Diese Kiefer ist schmal und kegelförmig, wenn sie jung ist, und wird später säulenförmig. Die grünlichen Triebe sind mit orangebraunen Haaren bedeckt. Die schlanken, leuchtend grünen, aromatischen Nadeln stehen an nach vorne weisenden fünfzähligen Kurztrieben an den Zweigen. Die männlichen Blütenstände sind violettrot und öffnen sich gelb, wenn sie den Pollen entlassen. Die weiblichen stehen getrennt und sind rot. Sie reifen zu eiförmigen, violettbraunen Zapfen, die bis zu 8 cm lang werden und als Ganze vom Baum fallen.

HÖHE *25 m.*
AUSBREITUNG *10 m.*
RINDE *Graubraun, schuppt sich im Alter.*
BLÜTEZEIT *Spätes Frühjahr.*
VORKOMMEN *Wälder an Gebirgshängen, in den Alpen und Karpaten.*
ÄHNLICHE ARTEN *Rumelische Kiefer (S. 40), die längere Nadeln und größere, weniger verholzte Zapfen hat. Die nah verwandte und ähnliche* P. sibirica *wächst in weiten Teilen Sibiriens.*

ANMERKUNG

Die Zapfen öffnen sich nicht. Die großen Samen werden von Vögeln herausgepickt oder werden erst frei, wenn der Zapfen verrottet.

Dreh-Kiefer

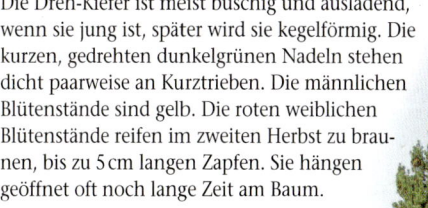

Pinus contorta (Pinaceae)

Die Dreh-Kiefer ist meist buschig und ausladend, wenn sie jung ist, später wird sie kegelförmig. Die kurzen, gedrehten dunkelgrünen Nadeln stehen dicht paarweise an Kurztrieben. Die männlichen Blütenstände sind gelb. Die roten weiblichen Blütenstände reifen im zweiten Herbst zu braunen, bis zu 5 cm langen Zapfen. Sie hängen geöffnet oft noch lange Zeit am Baum.

MERKMALE: *Die eiförmigen, hellbraunen Zapfen weisen an den Zweigen nach hinten. Die Schuppen sind spitz.*

HÖHE *25 m.* **AUSBREITUNG** *10 m.*
RINDE *Rotbraun, springt in Rechtecke auf.*
BLÜTEZEIT *Spätes Frühjahr.*
VORKOMMEN *Kultiviert; stammt aus dem Westen Nordamerikas.*
ÄHNLICHE ARTEN *Berg-Spirke (S. 38) mit dunkelbraunen Zapfen,* P. contorta *var.* latifolia *mit geschlossenen Zapfen.*

See-Kiefer

Pinus halepensis (Pinaceae)

Diese kegelförmige Kiefer mit offenem Wuchs wird im Alter ausladend. Die schlanken, kräftig grünen Nadeln stehen in Paaren an den Enden der Triebe. Die männlichen Blütenstände sind gelb, die weiblichen rosafarben. Sie reifen zu braunen Zapfen, die zu dreien an kurzen, kräftigen Stielen sitzen.

MERKMALE: *Die großen, kegelförmigen Zapfen weisen an den Zweigen nach hinten.*

HÖHE *20 m.*
AUSBREITUNG *10 m.*
RINDE *Grau, später braun und rissig.*
BLÜTEZEIT *Spätes Frühjahr bis Frühsommer.*
VORKOMMEN *Trockene Hänge im Mittelmeergebiet.*
ÄHNLICHE ARTEN *Kalabrische Kiefer (S. 35), deren Zapfen nach vorne weisen.*

MERKMALE: *Diese Kiefer ist typisch für hochgelegene Gebirgsregionen und wächst oft auf Kalkstein.*

Panzer-Kiefer

Pinus heldreichii (Pinaceae)

Dieser kegelförmige Baum mit dichtem Wuchs wird im Alter säulenförmig. Die kräftigen, dunkelgrünen Nadeln sitzen in Paaren dicht an den Zweigen. Die männlichen Blütenstände sind gelb, die weiblichen rotviolett. Sie reifen zu eiförmigen Zapfen, die zunächst tiefblau und im nächsten Jahr orangebraun sind.

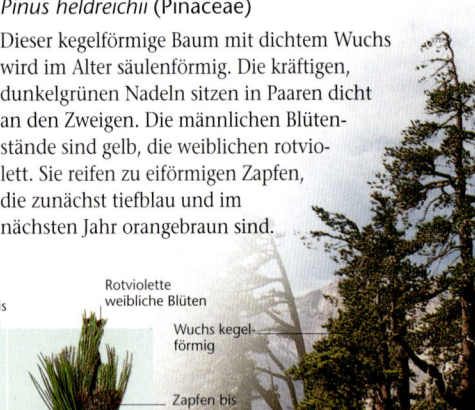

HÖHE *20 m.* **AUSBREITUNG** *10 m.*
RINDE *Bei jungen Bäumen grau und glatt, springt später auf.*
BLÜTEZEIT *Frühsommer.*
VORKOMMEN *Gebirgswälder in Gebieten mit Kalkstein in Süditalien, auf dem Balkan.*
ÄHNLICHE ARTEN *Keine – die blauen jungen Zapfen sind sehr charakteristisch.*

MERKMALE: *Die kleinen, dunkelbraunen, eiförmigen Zapfen reifen im Herbst.*

Berg-Spirke

Pinus mugo ssp. *uncinata* (Pinaceae)

Dieser schmal kegelförmige Baum trägt kurze kräftige, dunkelgrüne Nadeln, die paarweise an den Trieben sitzen. Die männlichen Blütenstände sind gelb, die weiblichen rotviolett. Sie reifen im zweiten Herbst zu kleinen, dunkelbraunen, eiförmigen Zapfen. *Pinus mugo* ssp. *uncinata*, ein etwa 3 m hoher Strauch, kommt in den Alpen bis zum Balkan vor.

HÖHE *25 m.* **AUSBREITUNG** *10 m.*
RINDE *Grau-rosafarben, bei älteren Bäumen schwarz und schuppig.*
BLÜTEZEIT *Frühsommer.*
VORKOMMEN *Steinige Gebirgshänge von den Pyrenäen bis zu den Alpen.*
ÄHNLICHE ARTEN *Keine – die nach unten gebogenen Zapfenschuppen sind unverkennbar.*

Schwarz-Kiefer

Pinus nigra (Pinaceae)

Die kräftige, große Schwarz-Kiefer ist anfangs kegelförmig und wird im Alter breit säulenförmig. Oft sieht man Exemplare mit mehreren Stämmen, die von einem kurzen Hauptstamm verzweigen. Die kräftigen, dunkelgrünen Nadeln sind spitz und stehen in Paaren. Die männlichen Blütenstände sind gelb, die weiblichen rot. Ihnen folgen im zweiten Herbst eiförmige, braune Zapfen, die als Ganze vom Baum fallen, wenn sie reif sind.

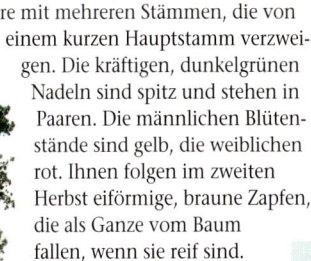

MERKMALE: *In den europäischen Gebirgen kommen dichte Bestände von Schwarz-Kiefern vor.*

HÖHE *40 m oder mehr.* **AUSBREITUNG** *15 m.*
RINDE *Dunkelgrau bis fast schwarz, gefurcht.*
BLÜTEZEIT *Frühsommer.*
VORKOMMEN *Gebirgshänge in den Gebirgen Mitteleuropas, von den Alpen bis zum Balkan; häufig auch kultiviert.*
ÄHNLICHE ARTEN *Korsische Kiefer (unten), schlanke, biegsamere graugrüne Nadeln.*

Korsische Kiefer

Pinus nigra ssp. *laricio* (Pinaceae)

Dieser große Baum ist kegelförmig, wenn er jung ist. Später wird er breit säulenförmig, meist hat er nur einen Stamm. Die schlanken, biegsamen, graugrünen Nadeln stehen in Paaren. Die männlichen Blütenstände sind gelb oder rot getönt, die weiblichen rosafarben. Ihnen folgen im zweiten Herbst eiförmige dunkelbraune, bis 8 cm lange Zapfen. Sie fallen als Ganze vom Baum.

MERKMALE: *Die Rinde ist anfangs rosa getönt und dunkelt später nach. Sie bildet Risse und schuppt sich.*

HÖHE *40 m und höher.* **AUSBREITUNG** *15 m.*
RINDE *Rosa-grau, wird später dunkelgrau, bildet Risse und schuppt sich.*
BLÜTEZEIT *Frühsommer.*
VORKOMMEN *Gebirgshänge auf Korsika, in Italien (Kalabrien, Sizilien).*
ÄHNLICHE ARTEN *Schwarz-Kiefer (oben), die kürzere, steifere Nadeln hat.*

MERKMALE: *Die hängenden Zapfen sind zunächst grün und harzig und reifen zu Braun.*

Rumelische Kiefer

Pinus peuce (Pinaceae)

Dieser schmal kegelförmige Baum hat einen dichten Wuchs. Die kräftigen, blaugrünen Nadeln stehen an fünfzähligen Kurztrieben an den grünen Zweigen. Die männlichen Blütenstände sind gelb oder violett getönt, die weiblichen rot. Sie reifen im zweiten Herbst zu leicht gebogenen zylinder- bis kegelförmigen, hellbraunen Zapfen.

HÖHE *30m.* **AUSBREITUNG** *10m.*
RINDE *Graugrün und glatt, springt im Alter in violettbraune Platten auf.*
BLÜTEZEIT *Frühsommer.*
VORKOMMEN *Gebirgshänge auf dem Balkan (Bulgarien, Serbien und Nord-Griechenland).*
ÄHNLICHE ARTEN *Weymouts-Kiefer (S. 42) mit schmäleren Nadeln und behaarten Trieben.*

MERKMALE: *Die Schuppen der glänzend braunen Zapfen enden in einer Spitze.*

Strand-Kiefer

Pinus pinaster (Pinaceae)

Die Strand-Kiefer ist kegelförmig, wenn sie jung ist. Alte Bäume haben meist einen langen, kahlen Stamm und eine kuppelförmige Krone. Die sehr langen, graugrünen Nadeln sind kräftig und spitz. Sie stehen in Paaren an den Trieben und weisen nach vorne. Die männlichen Blütenstände sind gelb, die weiblichen rot. Sie reifen zu glänzend braunen Zapfen, die oft viele Jahre am Baum hängen bleiben.

HÖHE *30m oder mehr.* **AUSBREITUNG** *10m.*
RINDE *Bei jungen Bäumen grau, später rotbraun und rissig.*
BLÜTEZEIT *Frühsommer.*
VORKOMMEN *Küsten und Gebirgshänge in Südwesteuropa, von Portugal bis Italien.*
ÄHNLICHE ARTEN *Keine – die Art hat die längsten Nadeln aller europäischen Kiefern.*

Pinie

Pinus pinea (Pinaceae)

Die Pinie hat eine schirmförmige Krone und unterscheidet sich damit von anderen Kiefern. Die Nadeln sind graugrün, kräftig und auf beiden Seiten tief gefurcht. Sie stehen in Paaren an den orangebraunen Zweigen. Junge Bäume und manchmal auch Zweige alter Bäume tragen silberblaue, einzeln stehende Nadeln. Die Blütenstände sitzen getrennt an jungen Trieben, die männlichen sind gelbbraun, die weiblichen grün. Sie reifen im dritten Herbst zu breit eiförmigen bis runden Zapfen.

MERKMALE: *Die Zapfen sind zunächst grün, wenn sie reif sind, glänzend braun, schwer und rundlich. Sie enthalten große, essbare Samen.*

HÖHE *20 m oder höher.*
AUSBREITUNG *20 m.*
RINDE *Orangebraun, bei alten Bäumen mit tiefen Rissen.*
BLÜTEZEIT *Frühsommer.*
VORKOMMEN *Auf sandigen Böden an Küsten im Mittelmeergebiet.*
ÄHNLICHE ARTEN *Keine – die flache, ausladende Krone ist einzigartig, die Pinie deshalb sofort zu erkennen.*

ANMERKUNG

Die Samen dieser Art sind die essbaren Pinienkerne, die auch bei uns verkauft werden.

MERKMALE: *Die aufrechten männlichen Blütenstände fallen im Frühsommer auf.*

Monterey-Kiefer

Pinus radiata (Pinaceae)

Diese schnellwüchsige Kiefer ist zunächst kegelförmig und wird später säulenförmig. Die schlanken, biegsamen Nadeln stehen in dreizähligen Kurztrieben an den graugrünen Zweigen. Die männlichen Blütenstände sind gelbbraun, die weiblichen rot. Sie reifen im zweiten Herbst zu kegelförmigen Zapfen, die viele Jahre lang am Baum bleiben.

HÖHE *30 m oder mehr.* **AUSBREITUNG** *15 m.*
RINDE *Dunkelgrau und tief gefurcht.*
BLÜTEZEIT *Frühsommer.*
VORKOMMEN *Kultiviert (als Zierpflanze und Holzlieferant); stammt aus Kalifornien.*
ÄHNLICHE ARTEN *Keine – die Nadeln in dreiteiligen Kurztrieben und die Zapfen, die am Baum hängen bleiben, sind typisch.*

MERKMALE: *Die reifen Zapfen sind zylinderförmig, gebogen und harzig.*

Weymouts-Kiefer

Pinus strobus (Pinaceae)

Die sehr schmalen Blätter dieses kegelförmigen Baums stehen dicht an fünfzähligen Kurztrieben. Sie sind auf der Außenseite graugrün und auf der Innenseite grau-weiß. Die männlichen Blütenstände reifen im zweiten Herbst zu hängenden, hellbraunen Zapfen.

HÖHE *30 m.* **AUSBREITUNG** *15 m.*
RINDE *Dunkelgrau und glatt, später mit Rissen.*
BLÜTEZEIT *Frühsommer.*
VORKOMMEN *Kultiviert (manchmal in Forsten); stammt aus dem Osten Nordamerikas.*
ÄHNLICHE ARTEN *Die seltenere Tränen-Kiefer* (P. wallichiana)*, die größere Nadeln und Zapfen hat.*

Wald-Kiefer

Pinus sylvestris (Pinaceae)

Die Wald-Kiefer oder Föhre ist kegelförmig, wenn sie jung ist, und entwickelt im Alter eine gerundete, ausladende Krone auf einem hohen Stamm. Die kräftigen Nadeln sind blaugrün bis blaugrau. Die männlichen Blütenstände sind zylinderförmig und gelb und stehen an der Basis junger Triebe. Die weiblichen Blütenstände sind aufrecht und rot und stehen einzeln oder in Paaren an den Spitzen junger Triebe. Sie reifen im zweiten Herbst zu eiförmigen, grünen Zapfen, die braun reifen.

MERKMALE: *Die gelblichen männlichen Blütenstände sitzen zwischen den steifen, blaugrünen Nadeln, die paarig an den Zweigen sitzen – manchmal sind sie silbern getönt.*

ANMERKUNG

In Gärten werden viele Zwergformen gepflanzt. Von den Sorten, die zu Bäumen heranwachsen, hat P. sylvestris *'Aurea' im Winter leuchtend gelbe Nadeln,* P. sylvestris *'Fastigiata' einen schmal säulenförmigen Wuchs.*

HÖHE *30 m oder höher.* **AUSBREITUNG** *15 m.*
RINDE *Violettgrau, oben orange- bis rosafarben; tiefe Risse, schuppt sich im Alter in Platten.*
BLÜTEZEIT *Frühsommer.*
VORKOMMEN *Sandige Böden, in ganz Europa bis zur Osttürkei.*
ÄHNLICHE ARTEN *In freier Natur charakteristisch; kann mit der kultivierten Japanischen Rot-Kiefer* (P. densiflora) *verwechselt werden, die längere grüne Nadeln hat.*

MERKMALE: *Die graue bis violettbraune Rinde ist dick und entwickelt im Alter tiefe rotbraune Risse.*

Gewöhnliche Douglasie

Pseudotsuga menziesii (Pinaceae)

Dieser schnellwüchsige Baum ist anfangs säulenförmig, im Alter wird der Wuchs unregelmäßig, die Krone ist abgeflacht. Die schmalen, dunkelgrünen Nadeln tragen unterseits zwei weiße Streifen und sind strahlenförmig um die Zweige angeordnet. Die männlichen Blütenstände sind gelb und sitzen an den Unterseiten der Zweige. Die weiblichen Blütenstände sind grün oder rosa getönt und stehen an den Enden der Zweige. Ihnen folgen später herabhängende Zapfen mit dreispitzigen Samenschuppen. Diese sind zunächst grün, später rotbraun.

HÖHE *40 m oder höher.*
AUSBREITUNG *15 m.*
RINDE *Graubraun bis violettbraun, im Alter mit tiefen Rissen.*
BLÜTEZEIT *Spätes Frühjahr.*
VORKOMMEN *Kultiviert (in Forsten sehr häufig); stammt aus dem Westen Nordamerikas, eine Unterart kommt in Mexiko vor.*
ÄHNLICHE ARTEN *Blaue Douglasie (*Pseudotsuga menziesii *var.* glauca*), die kleiner ist, mit kürzeren Zapfen und blaugrünen Nadeln.*

ANMERKUNG

Die dreiteiligen, hervorragenden Samenschuppen der Zapfen sind auffällig. Man findet sie meist während des ganzen Jahres unter dem Baum.

Kanadische Hemlocktanne

Tsuga canadensis (Pinaceae)

Die Äste an der Spitze dieses kegelförmigen Baums hängen herab. Die Nadeln sind flach an beiden Seiten der Zweige angeordnet. Sie verschmälern sich nach oben hin, die Spitze ist stumpf. An den Oberseiten der Zweige weisen die umgedrehten dunkelgrünen Nadeln nach vorne, die blaugrüne Unterseite mit zwei weißen Streifen wird sichtbar. Die männlichen Blütenstände sind gelb, die weiblichen grün.

MERKMALE: *Die eiförmigen Zapfen bleiben am Baum hängen, nachdem sie im Herbst ihre Samen entlassen haben.*

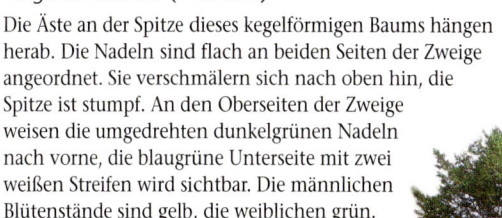

HÖHE *30 m.*
AUSBREITUNG *15 m.*
RINDE *Violettgrau, schält sich in Schuppen.*
BLÜTEZEIT *Spätes Frühjahr.*
VORKOMMEN *Kultiviert (mit vielen Zwergformen); stammt aus dem Osten Nordamerikas.*
ÄHNLICHE ARTEN *Westliche Hemlocktanne (unten), deren Nadeln nicht verdreht sind.*

Westliche Hemlocktanne

Tsuga heterophylla (Pinaceae)

Wie bei der Kanadische Hemlocktanne (oben) hängen die Äste dieses kegelförmigen Baums an der Spitze charakteristisch herab. Die dunkelgrünen Nadeln mit stumpfen Spitzen haben parallele Seiten und tragen unterseits zwei weiße Streifen. Sowohl die männlichen als auch die weiblichen Blütenstände sind rötlich. Die männlichen stehen unten an den Zweigen, die weiblichen an den Spitzen. Ihnen folgen kleine Zapfen.

MERKMALE: *Die kleinen, eiförmigen Zapfen reifen von Violettrot zu Hellbraun.*

HÖHE *30 m.* **AUSBREITUNG** *15 m.*
RINDE *Violettbraun, im Alter abblätternd und gefurcht.*
BLÜTEZEIT *Spätes Frühjahr.*
VORKOMMEN *Kultiviert (teilweise in Forsten); stammt aus dem Westen Nordamerikas.*
ÄHNLICHE ARTEN *Kanadische Hemlocktanne (oben), zugespitzte Nadeln, kleinere Zapfen.*

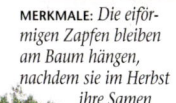

MERKMALE: *Die hellgelben männlichen Blütenstände erscheinen in den Blattachseln unterseits der Triebe.*

Europäische Eibe

Taxus baccata (Taxaceae)

Dieser breit kegelförmige, immergrüne Baum hat oft mehrere Stämme. Die linealen, zugespitzten Nadeln sind oberseits dunkelgrün, unterseits tragen sie zwei weiße Streifen. Sie stehen vorwiegend in zwei Reihen an den Zweigen. Die männlichen Blüten erscheinen unten an den Zweigen, die kleinen grünen weiblichen Blüten an getrennten Bäumen an den Enden der Triebe. Die Frucht ist ein Same, der in einem roten, meist fleischigen, oben geöffneten Arillus sitzt. Alle Teile der Pflanze außer dem Arillus sind giftig.

'Fastigiata' ist eine Sorte mit aufrechten Zweigen, die Nadeln stehen an den Zweigen nach allen Seiten ab.

ANMERKUNG

Die Europäische Eibe wird in Gärten oft einzeln oder in Hecken gepflanzt. Es gibt viele Sorten, auch solche mit bunten Nadeln. 'Lutea' ist eine ungewöhnliche Form mit gelben Früchten.

HÖHE *20 m.*
AUSBREITUNG *10 m.*
RINDE *Violettbraun, glatt, blättert ab.*
BLÜTEZEIT *Zeitiges Frühjahr.*
VORKOMMEN *Gebirge und Hügelland, auf kalkhaltigen Böden, in ganz Europa; auch kultiviert.*
ÄHNLICHE ARTEN *Keine – die Europäische Eibe kann kaum mit anderen Arten verwechselt werden, besonders, wenn sie Früchte trägt.*

Nadelbäume mit Schuppenblättern

Diese Gruppe immergrüner Nadelbäume hat kleine, schuppenförmige Blätter und schließt die Zypressen und deren Verwandte wie auch einige Wacholder-Arten ein.

Alle Nadelbäume mit schuppenförmigen Blättern tragen als Sämlinge nadelförmige Blätter, die Schuppenblätter entwickeln sich erst, wenn der Baum älter wird.

MORGENLÄNDISCHER LEBENSBAUM

LAWSONS SCHEINZYPRESSE

RIESEN-LEBENSBAUM

PHÖNIZISCHER WACHOLDER

MERKMALE: *Die glänzend dunkelgrünen Blätter stehen in Paaren und haben eine dreieckige Spitze.*

Kalifornische Flusszeder

Calocedrus decurrens (Cupressaceae)

Der schmal säulenförmige, oben zugespitzte Wuchs dieser Art ist charakteristisch. Das aromatisch duftende, kräftig grüne Laub an den abgeflachten Zweigen setzt sich aus kleinen, schuppenförmigen Blättern zusammen. Die Blütenstände bestehen aus kleinen gelben männlichen und grünen weiblichen Blüten und sitzen an den Spitzen der Triebe. Die gelben Zapfen reifen zu Rotbraun. Sie sind länglich mit sechs Schuppen, die sich öffnen, wenn sie reif sind.

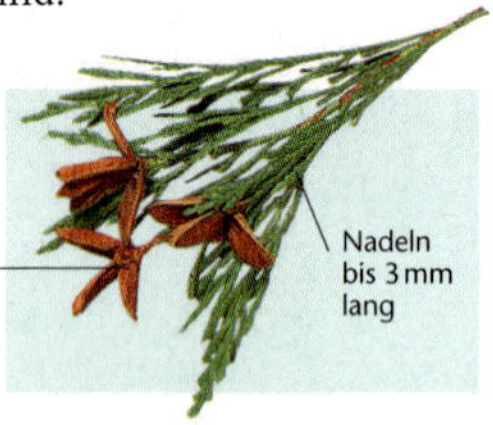

HÖHE *30 m.* **AUSBREITUNG** *5 m.*
RINDE *Glatt, rotbraun, später schuppig.*
BLÜTEZEIT *Frühjahr.*
VORKOMMEN *Kultiviert; stammt aus dem Westen der USA bis südlich zur Baja California.*
ÄHNLICHE ARTEN *Einige Sorten der Lawsons Scheinzypresse (unten), Wuchs und Blätter sind jedoch unterschiedlich.*

MERKMALE: *Die roten männlichen Blütenstände an den Spitzen der Triebe sind im Frühjahr auffällig.*

Lawsons Scheinzypresse

Chamaecyparis lawsoniana (Cupressaceae)

Die kegelförmige, immergrüne Lawsons Scheinzypresse hat dunkelgrünes Laub an herabhängenden, abgeflachten Zweigen. Die kleinen Blätter sind spitz, stehen dicht und tragen unterseits zwei weiße Streifen. Die männlichen Blütenstände sind rot, die weiblichen blau. Sie reifen zu runden Zapfen mit acht Schuppen, die blaugrün, später braun sind.

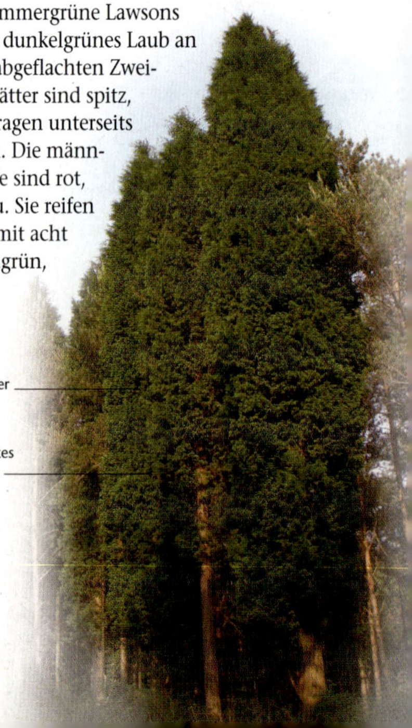

HÖHE *30 m oder mehr.*
AUSBREITUNG *10–15 m.*
RINDE *Violettbraun und glatt, schält sich später in senkrechten Streifen.*
BLÜTEZEIT *Zeitiges Frühjahr.*
VORKOMMEN *Kultiviert (viele Sorten); stammt aus den USA (Oregon, Kalifornien).*
ÄHNLICHE ARTEN *Riesen-Lebensbaum (S. 57).*

Feuer-Scheinzypresse

Chamaecyparis obtusa (Cupressaceae)

Das dunkelgrüne Laub dieses kegelförmigen, immergrünen Baums sitzt an abgeflachten Zweigen. Die kleinen schuppenförmigen Blätter stehen dicht, sind stumpf und unterseits weiß gezeichnet. Die männlichen Blütenstände sind rötlich gelb, die weiblichen hellbraun. Sie reifen zu runden Zapfen, die zunächst grün, später braun sind.

MERKMALE: *Die rotbraune Rinde mit senkrechten Rissen schält sich bei älteren Bäumen in Streifen.*

HÖHE *20 m.* **AUSBREITUNG** *8 m.*
RINDE *Rotbraun, schält sich in senkrechten Streifen.*
BLÜTEZEIT *Frühjahr.*
VORKOMMEN *Kultiviert (in Gärten gepflanzt, v. a. Zwergformen); stammt aus Japan.*
ÄHNLICHE ARTEN *Die häufigere Lawsons Scheinzypresse (links), die spitze Blätter hat.*

Erbsenfrüchtige Scheinzypresse

Chamaecyparis pisifera (Cupressaceae)

Dieser immergrüne Baum hat grüne Blätter, die an abgeflachten Zweigen sitzen. Die kleinen, schuppenförmigen Blätter haben frei stehende Spitzen und sind unterseits weiß gezeichnet. Die männlichen Blütenstände sind bräunlich, die weiblichen grün. Es folgen kleine, runde Zapfen.

MERKMALE: *Die rotbraune Rinde wird rissig und schält sich bei alten Bäumen in senkrechten Streifen.*

HÖHE *20 m.* **AUSBREITUNG** *8 m.*
RINDE *Rotbraun, schält sich im Alter in Streifen.*
BLÜTEZEIT *Zeitiges Frühjahr.*
VORKOMMEN *Kultiviert; stammt aus Japan.*
ÄHNLICHE ARTEN *Keine – die kleinen Zapfen und die frei stehenden Blattspitzen sind charakteristisch.*

MERKMALE: *Die runden, grünen jungen Zapfen färben sich im zweiten Jahr nach der Blüte braun und sitzen dann in Büscheln an den alten Trieben.*

Bastard-Zypresse

x *Cupressocyparis leylandii* (Cupressaceae)

Dieser schnellwüchsige, immergrüne Baum hat einen schmal säulenförmigen Wuchs und läuft oben spitz zu. Die kleinen, schuppenförmigen, dunkelgrünen Blätter sind zugespitzt. Sie stehen dicht um die abgeflachten Zweige. Die männlichen Blütenstände sind gelb, die weiblichen grün. Beide sitzen an den Spitzen der Triebe. Die Zapfen, die bei einigen Sorten jedoch nicht erscheinen, reifen von Grün zu Braun.

ANMERKUNG

Dieser immergrüne Baum ist eine Hybridform aus der Monterey-Zypresse (S. 52) und der Nutka-Scheinzypresse (Chamaecyparis nootkatensis).

HÖHE *30 m oder höher.*
AUSBREITUNG *10 m.*
RINDE *Rotbraun und glatt, im Alter rissig und schuppig.*
BLÜTEZEIT *Frühjahr.*
VORKOMMEN *Nur als Kulturpflanze bekannt (es gibt mehrere Formen mit verschiedener Blattfärbung, meist gelb).*
ÄHNLICHE ARTEN *Keine – diese Art hat einen sehr charakteristischen Wuchs und typisches Laub.*

Glatte Arizona-Zypresse

Cupressus arizonica var. glabra (Cupressaceae)

Der kegelförmige, immergrüne Baum mit kompaktem Wuchs hat schlanke, rötliche Zweige, die dicht und unregelmäßig stehen. Sie sind mit schuppenförmigen, graugrünen Blättern besetzt. Die Blättchen sind zugespitzt, und auf der Unterseite ist in der Mitte meist ein kleiner Fleck mit weißem Harz sichtbar. Die kleinen männlichen Blütenstände sind gelb, die weiblichen grün. Beide sitzen an den Spitzen der Triebe. Glänzend braune, später graue runde Zapfen reifen im zweiten Herbst.

MERKMALE: *Die rötlich violette bis rotbraune Rinde schuppt sich bei alten Bäumen.*

HÖHE *20 m.* **AUSBREITUNG** *6 m.*
RINDE *Rotviolett, schuppt sich im Alter.*
BLÜTEZEIT *Später Winter.*
VORKOMMEN *Kultiviert; stammt aus den USA (Arizona).*
ÄHNLICHE ARTEN *Arizona-Zypresse* (C. arizonica)*, die seltener angepflanzt wird; mit faseriger Rinde, ohne Harz auf den Blättern.*

Mexikanische Zypresse

Cupressus lusitanica (Cupressaceae)

Dieser hohe, kegelförmige, immergrüne Baum hat einen offenen, manchmal herabhängenden Wuchs. Das Laub ist dunkelgrün, die kleinen, schuppenförmigen Blätter mit frei stehenden Spitzen sitzen rund um die Zweige. Die männlichen Blütenstände sind gelbbraun, die weiblichen bläulich weiß. Sie reifen im zweiten Herbst zu runden Zapfen mit typischen Spitzen auf den Schuppen.

MERKMALE: *In der Rinde entstehen senkrechte Risse, wenn sie sich in faserigen Streifen schält.*

HÖHE *30 m.* **AUSBREITUNG** *10 m.*
RINDE *Braun, schält sich in senkrechten Streifen.*
BLÜTEZEIT *Zeitiges Frühjahr.*
VORKOMMEN *Kultiviert; stammt aus Mexiko und Zentralamerika.*
ÄHNLICHE ARTEN *Keine – die jungen Zapfen mit Spitzen auf den Schuppen sind typisch.*

MERKMALE: *Die Zweige mit den Blättchen stehen wie bei allen Zypressenarten nach allen Seiten ab und sind nicht abgeflacht wie bei Scheinzypressen.*

Monterey-Zypresse

Cupressus macrocarpa (Cupressaceae)

Dieser große kräftige, immergrüne Baum mit dichtem, säulenförmigem Wuchs wird im Alter ausladend. Das aromatische, kräftig grüne Laub setzt sich aus schuppenförmigen, zugespitzten Blättchen zusammen. Die männlichen Blütenstände sind gelb, die weiblichen grün. Beide stehen an den Spitzen der Triebe. Die runden, violettbraunen Zapfen haben Schuppen mit kleinen, stumpfen Spitzen. Sie reifen im zweiten Herbst und bleiben meist einige Jahre lang am Baum. Die Art ist in freier Natur selten, wird jedoch häufig gepflanzt.

ANMERKUNG

Einige Gartensorten der Monterey-Zypresse sieht man häufig, vor allem solche mit gelbem Laub wie 'Goldcrest'.

HÖHE *30 m.*
AUSBREITUNG *15 m.*
RINDE *Rotbraun mit flachen Furchen.*
BLÜTEZEIT *Zeitiges Frühjahr.*
VORKOMMEN *Kultiviert; stammt aus den USA (Küstengebiete in der Gegend um Monterey, Kalifornien)*
ÄHNLICHE ARTEN *Echte Zypresse (rechts), die einen schmal säulenförmigen Wuchs und eiförmige Zapfen hat.*

Echte Zypresse

Cupressus sempervirens (Cupressaceae)

An ihrem schmal säulenförmigen, zugespitzten Wuchs ist die immergrüne Echte Zypresse leicht zu erkennen. Die Zweige können sich unter dem Gewicht der Zapfen nach außen neigen. Die dunkelgrünen, schuppenförmigen Blätter haben stumpfe Spitzen, die nach allen Seiten abstehen. Die männlichen Blütenstände sind gelbbraun, die weiblichen grün, beide sitzen an den Spitzen der Triebe. Die eiförmigen bis rundlichen braunen Zapfen haben sechs bis zwölf Schuppen mit je einem Fortsatz in der Mitte. Sie reifen im zweiten Herbst.

MERKMALE: *Die Zapfen sind meist etwas länger als breit und haben auffallende Fortsätze auf den großen Schuppen.*

ANMERKUNG

Die Echte Zypresse ist im Mittelmeergebiet ein charakteristischer Baum. Die schmale Form, findet man am häufigsten, es gibt aber auch viel breitere, offenere Bäume mit kegelförmigem oder herabhängendem Wuchs.

HÖHE *20 m.*
AUSBREITUNG *4 m oder mehr.*
RINDE *Graubraun mit flachen, spiralförmigen Längsfurchen.*
BLÜTEZEIT *Zeitiges Frühjahr.*
VORKOMMEN *Steinige Gebirgshänge in Südosteuropa, häufig auch angepflanzt.*
ÄHNLICHE ARTEN *Monterey-Zypresse (links), die einen dichteren Wuchs und glattere Zapfen hat.*

Chinesischer Wacholder

Juniperus chinensis (Cupressaceae)

MERKMALE: *Die Rinde ist bei älteren Bäumen rotbraun und schält sich in senkrechten Streifen.*

Dieser kegelförmige, immergrüne Baum trägt oft zwei Arten von Blättern. Junge Pflanzen tragen nadelförmige Blätter, die zu dreien oder manchmal paarweise stehen und oberseits zwei weiße Streifen tragen. Ältere Pflanzen tragen kleine, schuppenförmige Blätter mit stumpfer Spitze und meist noch einige juvenile Nadeln. Die männlichen Blütenstände sind gelb, die weiblichen violettgrün, beide stehen an getrennten Pflanzen. Die beerenähnlichen Zapfen sind 8 mm lang, weiß bereift und reifen im zweiten Jahr.

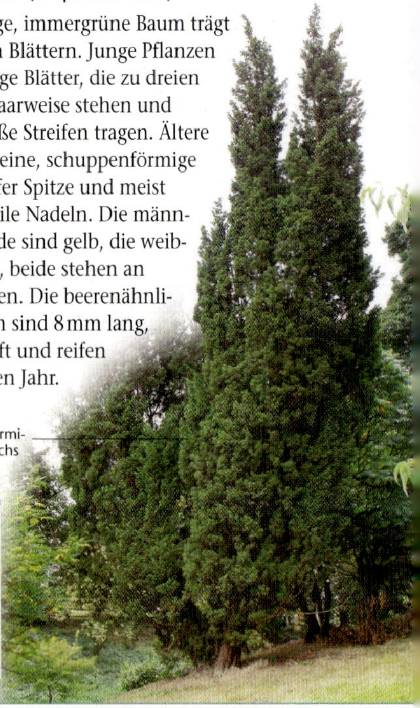

HÖHE *15 m.* **AUSBREITUNG** *6 m.*
RINDE *Rotbraun, schält sich in senkrechten Streifen.*
BLÜTEZEIT *Zeitiges Frühjahr.*
VORKOMMEN *Kultiviert; stammt aus Myanmar, China, Korea und Japan.*
ÄHNLICHE ARTEN *Virginischer Wacholder (S. 56), trägt ebenfalls zwei Arten von Blättern.*

Stinkender Baumwacholder

Juniperus foetidissima (Cupressaceae)

MERKMALE: *Die rotbraune Rinde schält sich bei alten Bäumen in senkrechten Streifen.*

Das aromatische, dunkelgrüne Laub dieses kegelförmigen Baums setzt sich aus kleinen, schuppenförmigen Blättern zusammen, bei jungen Bäumen sind sie nadelförmig. Die männlichen Blütenstände sind gelbbraun, die weiblichen stehen an getrennten Pflanzen und sind grün. Sie reifen im zweiten Jahr zu violettschwarzen, beerenähnlichen, bis zu 1 cm breiten Zapfen, die bis zu drei Samen enthalten.

HÖHE *15 m.* **AUSBREITUNG** *6 m.*
RINDE *Rotbraun, schält sich in Streifen.*
BLÜTEZEIT *Zeitiges Frühjahr.*
VORKOMMEN *Steinige Gebirgshänge in Südosteuropa und Südwestasien.*
ÄHNLICHE ARTEN *Phönizischer Wacholder (rechts), der rotbraune Zapfen und eine andere geografische Verbreitung hat.*

Phönizischer Wacholder

Juniperus phoenicea (Cupressaceae)

Dieser immergrüne Wacholder wächst kegelförmig oder manchmal strauchförmig und hat dunkelgrünes, leicht unangenehm riechendes Laub. Die Blätter alter Pflanzen sind schuppenförmig, die junger Pflanzen nadelförmig. Die männlichen Blütenstände sind gelb, die weiblichen, die an getrennten Pflanzen erscheinen, grün. Die runden Zapfen sind rotbraun und manchmal leicht bereift. Sie reifen im zweiten Jahr.

MERKMALE: *Kleine, schuppenförmige, dunkelgrüne Blätter stehen in Paaren oder zu dreien.*

HÖHE *10 m.* **AUSBREITUNG** *5 m.*
RINDE *Graubraun, schält sich in senkrechten Streifen.*
BLÜTEZEIT *Zeitiges Frühjahr.*
VORKOMMEN *Küstenregionen der Kanarischen Inseln und Portugals, in ganz Südeuropa.*
ÄHNLICHE ARTEN *Stinkender Baumwacholder (links), Spanischer Wacholder (unten).*

Spanischer Wacholder

Juniperus thurifera (Cupressaceae)

Die aromatischen, dunkelgrünen Schuppenblätter dieses schmal säulenförmigen Baums tragen oft einen Fleck aus weißem Harz. Die Pflanze kann auch juvenile, nadelförmige Blätter tragen. Die männlichen Blütenstände sind gelb, die weiblichen grün und erscheinen an getrennten Bäumen. Die violetten, beerenähnlichen Zapfen mit je vier Samen sind anfangs weiß bereift und reifen im zweiten Jahr.

MERKMALE: *Die dunkelbraune Rinde schält sich in senkrechten Streifen, wenn der Baum älter wird.*

HÖHE *12 m.* **AUSBREITUNG** *15 m.*
RINDE *Dunkelbraun, schält sich in senkrechten Streifen.*
BLÜTEZEIT *Zeitiges Frühjahr.*
VORKOMMEN *Trockene Hänge in Spanien und in den südostfranzösischen Alpen.*
ÄHNLICHE ARTEN *Phönizischer Wacholder (oben), rote Zapfen, in Küstenregionen.*

MERKMALE: *Die rotbraune Rinde schält sich in senkrechten Streifen.*

Virginischer Wacholder

Juniperus virginiana (Cupressaceae)

Dieser immergrüne Baum hat einen dichten, kegel- bis säulenförmigen Wuchs. Das aromatische Laub ist grün bis blaugrün, die Blätter sind schuppenförmig, meist bestehen auch noch einige juvenile Nadeln. Die männlichen Blütenstände sind gelb, die weiblichen, die an getrennten Pflanzen erscheinen, grün. Die beerenähnlichen Zapfen sind blauviolett mit weißer Bereifung und reifen im ersten Jahr.

HÖHE *20 m.* **AUSBREITUNG** *4 m.*
RINDE *Rotbraun, schält sich in senkrechten Streifen.*
BLÜTEZEIT *Zeitiges Frühjahr.*
VORKOMMEN *Kultiviert; stammt aus dem Osten Nordamerikas.*
ÄHNLICHE ARTEN *Chinesischer Wacholder (S. 54), dessen Zapfen im zweiten Jahr reifen.*

MERKMALE: *Die kleinen, dunkelgrünen Blätter sitzen an aufrechten Zweigen.*

Morgenländischer Lebensbaum

Platycladus orientalis (Cupressaceae)

Dieser Baum ist meist eher strauchförmig mit mehreren Stämmen. Er hat kleine, schuppenförmige, dunkelgrüne Blätter. Die männlichen Blütenstände sind gelb, die weiblichen grün. Ihnen folgen große aufrechte, eiförmige Zapfen, die anfangs bereift sind. Jede der Schuppen trägt einen auffallenden Haken am Rücken. Die Zapfen bleiben den Winter über am Baum hängen.

HÖHE *15 m.* **AUSBREITUNG** *5 m.*
RINDE *Rotbraun, schält sich in senkrechten Streifen.*
BLÜTEZEIT *Zeitiges Frühjahr.*
VORKOMMEN *Kultiviert; stammt aus China, Korea und dem Osten Russlands.*
ÄHNLICHE ARTEN *Riesen-Lebensbaum (rechts), aromatisches Laub, kleinere Zapfen.*

Riesen-Lebensbaum

Thuja plicata (Cupressaceae)

Der schnellwüchsige, immergrüne Riesen-Lebensbaum hat angenehm aromatisch duftendes Laub. Die dunkelgrünen Blättchen stehen an abgeflachten Zweigen. Die männlichen Blütenstände sind schwärzlich rot und färben sich gelb, wenn sie sich öffnen. Die weiblichen sind gelbgrün. Beide stehen an den Enden der Triebe. Die aufrechten, eiförmigen Zapfen reifen im selben Jahr von Gelbgrün zu Braun. Jeder Zapfen hat 10–12 ledrige Schuppen.

MERKMALE: *Die kleinen, schuppenförmigen Blätter sind oberseits dunkelgrün und unterseits weiß gezeichnet.*

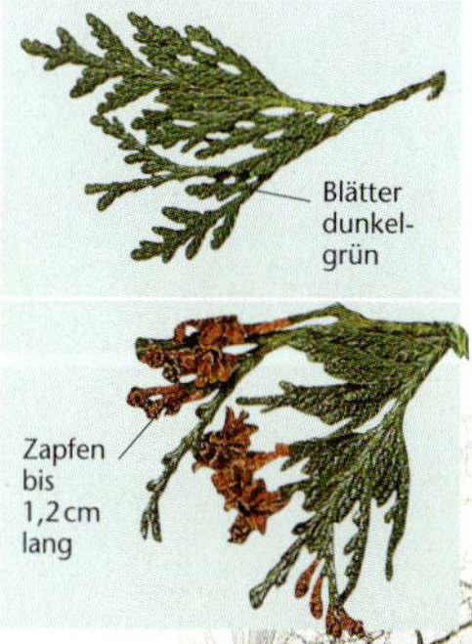

HÖHE *35 m oder höher.*
AUSBREITUNG *15 m.*
RINDE *Violettbraun, schält sich in senkrechten Streifen.*
BLÜTEZEIT *Zeitiges Frühjahr.*
VORKOMMEN *Kultiviert; stammt aus dem Westen Nordamerikas.*
ÄHNLICHE ARTEN *Lawsons Scheinzypresse (S. 48), die runde Zapfen mit acht Schuppen hat; Morgenländischer Lebensbaum (links), der größere Zapfen und weniger aromatisch duftende Blätter hat.*

ANMERKUNG

Dieser beliebte Gartenbaum bildet einen effektiven Sichtschutz. Es gibt einige Sorten, wie 'Zebrina', mit gelb gestreiften Blättern.

Laubbäume mit zusammengesetzten Blättern

Diese Gruppe von Laubbäumen hat breite Blätter (im Vergleich zu Nadeln oder schuppenförmigen Blättern), die aus mindestens zwei Teilblättern bestehen. Diese können zu gefiederten Blättern zusammengesetzt sein und sehen dann farnähnlich aus, wie bei der Schwarzen Walnuss, oder sie sind hand- oder fächerförmig, wie bei der Gewöhnlichen Rosskastanie (unten). Verwandte Baumarten haben oft, aber nicht immer ähnliche Blatttypen.

ESSIGBAUM

JAPANISCHE EBERESCHE

SEIDENAKAZIE

SCHWARZE WALNUSS

Zimt-Ahorn

Acer griseum (Aceraceae)

Dieser Ahorn ist zunächst breit säulenförmig und wird im Alter ausladend. Die Blätter sind in drei stumpf gezähnte Teilblätter geteilt. Sie sind oberseits dunkelgrün, unterseits graublau und behaart und färben sich im Herbst rot. Kleine gelbgrüne Blüten öffnen sich in herabhängenden Blütenständen mit den jungen Blättern. Ihnen folgen Früchte mit breiten Flügeln, die meist keine Samen enthalten.

MERKMALE: *Die rötliche bis hell zimtbraune Rinde schält sich in dünnen Schuppen.*

HÖHE *15 m.*
AUSBREITUNG *10 m.*
RINDE *Rötlich bis braun, schält sich auffällig in dünnen Schuppen.*
BLÜTEZEIT *Spätes Frühjahr.*
VORKOMMEN *Kultiviert, stammt aus China.*
ÄHNLICHE ARTEN *Keine – die sich schälende Rinde ist unverkennbar.*

Eschen-Ahorn

Acer negundo (Aceraceae)

Diese Art hat gegenständige Blätter mit drei bis sieben Fiedern an glatten oder behaarten Zweigen. Kleine grüne bis rosafarbene Blüten ohne Blütenblätter hängen in Büscheln am Baum, bevor die Blätter erscheinen, die männlichen und weiblichen an getrennten Pflanzen. Den weiblichen Blüten folgen geflügelte Früchte. Gelb gescheckte Sorten, wie 'Elegans', 'Flamingo' und 'Variegatum', werden in Gärten gepflanzt.

MERKMALE: *An weiblichen Bäumen erscheinen Blütenstände mit gewinkelten Früchten.*

'ELEGANS'

HÖHE *15 m.*
AUSBREITUNG *10 m.*
RINDE *Graubraun und glatt.*
BLÜTEZEIT *Zeitiges Frühjahr.*
VORKOMMEN *Kultiviert; stammt aus Nordamerika.*
ÄHNLICHE ARTEN *Keine – kein anderer Ahorn hat Blätter mit mehr als drei Teilblättern.*

MERKMALE: *Die kleinen, runden Früchte sind zunächst rot und reifen schwarz.*

Mastixbaum

Pistacia lentiscus (Anacardiaceae)

Dieser kleine, immergrüne Baum wächst ausladend und oft strauchförmig. Die wechselständigen, ledrigen, dunkelgrünen Blätter sind paarig gefiedert mit bis zu sechs Fiederpaaren, die in kleinen Spitzen enden. Die Blattstiele sind charakteristisch geflügelt. Kleine rote oder gelbe Blüten ohne Blütenblätter erscheinen in dichten Blütenständen in den Achseln der Blätter, die männlichen und weiblichen an getrennten Pflanzen.

HÖHE *8 m.* **AUSBREITUNG** *6 m oder weniger.*
RINDE *Graubraun.*
BLÜTEZEIT *Frühjahr.*
VORKOMMEN *Trockene Standorte, Hänge und Gehölze im Mittelmeergebiet.*
ÄHNLICHE ARTEN *Terpentin-Baum (unten), der sein Laub abwirft und unpaarig gefiederte Blätter hat.*

MERKMALE: *Die eiförmigen Früchte sind zunächst rot und bis zu 7 mm lang, sie reifen violettbraun.*

Terpentin-Baum

Pistacia terebinthus (Anacardiaceae)

Der ausladende Terpentin-Baum hat wechselständige Blätter mit bis zu neun ungezähnten Fiedern, von denen jede in einer kleinen Spitze endet. Die kleinen, grünen Blüten stehen in länglichen Blütenständen in den Blattachseln, die männlichen und weiblichen an getrennten Pflanzen.

HÖHE *10 m.* **AUSBREITUNG** *8 m.*
RINDE *Graubraun.*
BLÜTEZEIT *Frühjahr.*
VORKOMMEN *Trockene Wälder und Gehölze am Mittelmeer, von Frankreich bis zur Türkei.*
ÄHNLICHE ARTEN *Mastixbaum (oben), der immergrün ist und unpaarig gefiederte Blätter hat.*

Essigbaum

Rhus typhina (Anacardiaceae)

Dieser ausladende Baum mit offenem Wuchs wächst oft strauchförmig. Die wechselständigen Blätter setzen sich aus bis zu 27 Fiedern zusammen, die oberseits dunkelgrün und unterseits blaugrün sind. Sie stehen an kräftigen, samtigen Zweigen. Die kleinen, grünen Blüten stehen in dichten, aufrechten Blütenständen an denselben oder getrennten Pflanzen.

MERKMALE: *Die leuchtend roten Früchte stehen zwischen langen Haaren in aufrechten Fruchtständen.*

HÖHE *10 m.* **AUSBREITUNG** *10 m.*
RINDE *Dunkelbraun, glatt.*
BLÜTEZEIT *Sommer.*
VORKOMMEN *Kultiviert; stammt aus dem Osten Nordamerikas.*
ÄHNLICHE ARTEN *Scharlach-Sumach* (Rhus glabra), *der glatte, bereifte Zweige und behaarte Früchte hat.*

Gewöhnlicher Pfefferbaum

Schinus molle (Anacardiaceae)

Mit seinen schlanken, hängenden Zweigen ähnelt dieser breit säulenförmige Baum im Wuchs einer Trauerweide. Die wechselständigen Blätter setzen sich aus 30 oder mehr schlanken Fiedern zusammen. Die kleinen, cremeweißen Blüten öffnen sich im Frühjahr und Sommer an hängenden Blütenständen, die weiblichen und männlichen erscheinen an getrennten Pflanzen.

MERKMALE: *An weiblichen Bäumen erscheinen runde, glänzend rote Früchte.*

HÖHE *15 m.* **AUSBREITUNG** *10 m.*
RINDE *Rotbraun, schuppt sich bei älteren Bäumen.*
BLÜTEZEIT *Frühjahr und Sommer.*
VORKOMMEN *Kultiviert (v. a. im Mittelmeergebiet), in Teilen Südeuropas verwildert; stammt aus Zentral- und Südamerika.*
ÄHNLICHE ARTEN *Keine.*

MERKMALE: *Die kleinen, weißen Blüten stehen in bis zu 60 cm langen Blütenständen an den Enden der Triebe.*

Japanischer Angelikabaum

Aralia elata (Araliaceae)

Dieser Laub abwerfende Baum oder Strauch mit ausladendem Wuchs hat kräftige, stachelige Zweige und bringt an der Basis meist viele Schösslinge hervor. Die Blätter sind gegenständig und doppelt gefiedert, dunkelgrün und färben sich im Herbst gelb, rot oder violett. Den Blüten folgen kleine runde, violettbraune Früchte.

HÖHE *10 m.*
AUSBREITUNG *10 m.*
RINDE *Grau und stoppelig.*
BLÜTEZEIT *Herbst.*
VORKOMMEN *Kultiviert (langsamwüchsige, gescheckte Sorten); stammt aus Ostasien.*
ÄHNLICHE ARTEN *Herkuleskeule* (A. spinosa) *mit kegelförmigen, aufrechten Blütenständen.*

MERKMALE: *Die scheibenförmigen, bis zu 6 cm breiten Samenhülsen reifen dunkelbraun.*

Palisanderbaum

Jacaranda mimosifolia (Bignoniaceae)

Dieser ausladende Baum hat gegenständige Blätter, die doppelt gefiedert sind. Die hellgrünen Fiedern sind bis zu 1 cm lang. Die Blattstiele sind unterseits stachelig. Violettblaue Blüten sitzen in breit pyramidenförmigen Blütenköpfchen an den Spitzen der Zweige, meist, bevor die Blätter erscheinen.

HÖHE *15 m.* **AUSBREITUNG** *10 m.*
RINDE *Dunkelbraun mit flachen Furchen.*
BLÜTEZEIT *Frühjahr.*
VORKOMMEN *Kultiviert; stammt aus Argentinien und Bolivien.*
ÄHNLICHE ARTEN *Seidenakazie (S. 71) mit ähnlichen Blättern, ist aber kleiner und hat rosafarbene Blüten mit langen Staubblättern.*

Schwarzer Holunder

Sambucus nigra (Caprifoliaceae)

Der Schwarze Holunder mit seinem breit säulenförmigen bis runden Wuchs und den herabhängenden Zweigen ist oft strauchförmig und vielstämmig. Die Blätter in gegenständigen Paaren sitzen an kräftigen, graubraunen Zweigen und setzen sich aus fünf bis sieben scharf gezähnten, eiförmigen bis elliptischen Fiedern zusammen, die bis zu 20 cm lang sind. Sie riechen leicht unangenehm. Die Blüten in flachen Blütenständen sind etwa 6–10 mm breit. Ihnen folgen zunächst grüne, dann glänzend schwarze, essbare Beeren an roten Stielen.

MERKMALE: *Kleine, cremeweiße, duftende Blüten stehen in breiten, flachen Blütenständen mit etwa 25 cm Druchmesser.*

ANMERKUNG

Sowohl aus den Blüten als auch aus den Früchten wird Wein hergestellt. In Gärten werden viele Züchtungen gepflanzt, auch solche mit violetten, gescheckten oder tief eingeschnittenen Blättern.

HÖHE *10 m.*
AUSBREITUNG *8 m.*
RINDE *Graubraun, tief gefurcht, korkig.*
BLÜTEZEIT *Sommer.*
VORKOMMEN *Feuchte Wälder und Hecken in ganz Europa; oft in Gärten, von wo er häufig verwildert.*
ÄHNLICHE ARTEN *Zwerg-Holunder* (S. ebulus), *der krautig ist;* S. racemosa, *der strauchförmig ist, mit roten Beeren.*

MERKMALE: *Die tief rosafarbenen Blüten gehen auf die Stammart der Roten Rosskastanie zurück, der viel kleineren Pavie.*

Rote Rosskastanie

Aesculus x *carnea* (Hippocastanaceae)

Diese Hybridform zwischen der Gewöhnlichen Rosskastanie (rechts) und der Pavie (S. 66) ist ein Laub abwerfender, breit säulenförmiger bis rundlicher Baum. Die dunkelgrünen Blätter sind gegenständig und handförmig in fünf bis sieben scharf gezähnte Teilblätter geteilt. Die Blüten erscheinen cremeweiß mit gelben Streifen und färben sich später tiefrosa mit roten Flecken. Sie haben fünf Blütenblätter und stehen in kegelförmigen, aufrechten Kerzen. Die runden Früchte enthalten bis zu drei Kastanien und haben wenige oder keine Stacheln. Sie reifen von Grün zu Braun.

HÖHE *20 m.* **AUSBREITUNG** *15 m.*
RINDE *Rotbraun, ziemlich rau.*
BLÜTEZEIT *Spätes Frühjahr.*
VORKOMMEN *Nur als Kulturform bekannt (wächst in Parks und Gärten oder als Straßenbaum).*
ÄHNLICHE ARTEN *Gewöhnliche Rosskastanie (rechts), die weiße Blüten und stachelige Früchte hat; Pavie (S. 66), die viel kleiner ist und Blüten mit vier Blütenblättern hat.*

ANMERKUNG

Im Winter ist die Rote Rosskastanie an leicht klebrigen Knospen zu erkennen. Die der Gewöhnlichen Rosskastanie (rechts) sind sehr klebrig.

Gewöhnliche Rosskastanie

Aesculus hippocastanum (Hippocastanaceae)

Die bekannte Gewöhnliche Rosskastanie ist im Winter an ihren großen, glänzend braunen, sehr klebrigen Knospen zu erkennen. Die Blüten sind weiß mit einem gelben Fleck, der sich rot färbt. Sie stehen in großen, aufrechten Kerzen, und ihnen folgen charakteristische grüne Früchte, die bis zu drei glänzend braune Kastanien enthalten. Der Laub abwerfende Baum mit breit säulenförmigem, ausladendem Wuchs hat handförmig geteilte, dunkelgrüne Blätter mit je fünf bis sieben großen, scharf gezähnten Teilblättern. Die Blätter färben sich im Herbst orangerot.

MERKMALE: *Die großen, cremeweißen Blütenkerzen bieten im Frühjahr in Parks und Gärten und als Straßenbäume einen spektakulären Anblick.*

HÖHE *30 m.*
AUSBREITUNG *20 m.*
RINDE *Rotbraun bis grau, schält sich bei alten Bäumen in Schuppen.*
BLÜTEZEIT *Spätes Frühjahr.*
VORKOMMEN *Gebirgswälder in Nordgriechenland und Albanien; häufig kultiviert.*
ÄHNLICHE ARTEN *Rote Rosskastanie (links), die rosafarbene Blüten mit roten Flecken und Früchte mit wenigen oder keinen Stacheln hat.*

ANMERKUNG

Obwohl er häufig in großen Gärten und Parks gepflanzt wird, war die Herkunft dieses Baums lange Zeit unbekannt, bis er in freier Natur in den Gebirgen Nordgriechenlands entdeckt wurde. Die Samen sind Kastanien.

MERKMALE: *Die weißen Blüten tragen einen gelben Fleck, der sich später rot färbt. Sie stehen in aufrechten Kerzen.*

Indische Rosskastanie

Aesculus indica (Hippocastanaceae)

Die jungen, bronzefarben getönten Blätter dieses Baums sind fein gezähnt und färben sich später dunkelgrün. Sie sind gegenständig und handförmig geteilt, meist mit fünf bis sieben Fiedern. Die weißen Blüten in Kerzen haben lange Staubblätter. Die birnenförmigen Früchte enthalten bis zu drei glänzend braune Samen.

HÖHE *20 m.* **AUSBREITUNG** *15 m.*
RINDE *Grau und glatt.*
BLÜTEZEIT *Frühsommer.*
VORKOMMEN *Kultiviert; stammt aus dem nordwestlichen Himalaya.*
ÄHNLICHE ARTEN *Gewöhnliche Rosskastanie (S. 65), die eher blüht; Blüten ohne herausragende Staubblätter.*

MERKMALE: *Die schmalen roten Blüten mit vier Blütenblättern stehen in aufrechten Kerzen.*

Pavie

Aesculus pavia (Hippocastanaceae)

Fünf scharf gezähnte, glänzend grüne, kurz gestielte Teilblätter sind charakteristisch für die handförmig geteilten, gegenständigen Blätter dieses kleinen, ausladenden Baums. Die Blätter färben sich im Herbst rot. Die glatten, runden bis birnenförmigen Früchte enthalten bis zu zwei glänzend braune Samen.

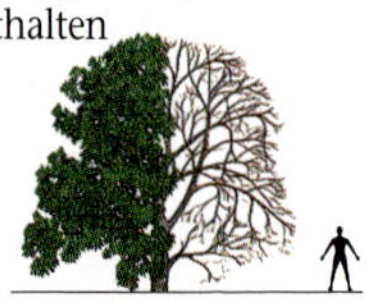

HÖHE *5 m.* **AUSBREITUNG** *6 m.*
RINDE *Dunkelgrau und glatt.*
BLÜTEZEIT *Frühsommer.*
VORKOMMEN *Kultiviert; stammt aus dem Südosten der USA.*
ÄHNLICHE ARTEN *Rote Rosskastanie (S. 64), die größere Blüten mit fünf Blütenblättern und größere Blätter hat.*

Bittere Hickorynuss

Carya cordiformis (Juglandaceae)

Dieser kegelförmige Baum wird im Alter breit säulenförmig. Die gegenständigen Blätter haben fünf bis neun gezähnte Fiedern. Die kleinen, grünen Blüten ohne Blütenblätter entfalten sich aus gelben Knospen. Die männlichen stehen in Kätzchen an der Basis junger Triebe, die weiblichen an den Spitzen der Triebe. Die Frucht ist eine essbare Nuss in einer dünnen Schale.

MERKMALE: *Die anfangs graue, glatte Rinde wird im Alter dick, gefurcht und schuppig.*

HÖHE *20 m.* **AUSBREITUNG** *20 m.*
RINDE *Bei jungen Bäumen grau und glatt, später gefurcht und schuppig.*
BLÜTEZEIT *Spätes Frühjahr.*
VORKOMMEN *Kultiviert; stammt aus dem Osten Nordamerikas.*
ÄHNLICHE ARTEN *Andere Hickorynuss-Arten, die keine gelben Blütenknospen haben.*

Schuppenrinden-Hickorynuss

Carya ovata (Juglandaceae)

Dieser breit säulenförmige Baum hat tief gelbgrüne Blätter mit fünf bis sieben gezähnten Fiedern. Die Blüten sind klein und grün, die Blütenblätter fehlen. Die männlichen stehen in bis zu 12 cm langen, herabhängenden Kätzchen an der Basis junger Triebe, die weiblichen an den Spitzen der Triebe. Die Frucht ist eine essbare Nuss in einer dicken grünen Schale.

MERKMALE: *Auffällige grüne Knospen erscheinen zwischen den gefiederten Blättern.*

HÖHE *25 m.* **AUSBREITUNG** *15 m.*
RINDE *Graubraun, schält sich in senkrechten Schuppen.*
BLÜTEZEIT *Spätes Frühjahr bis Frühsommer.*
VORKOMMEN *Kultiviert; stammt aus dem Osten Nordamerikas.*
ÄHNLICHE ARTEN *Keine – die sich schälende Rinde und die fünfteiligen Blätter sind typisch.*

Japanische Walnuss

Juglans ailantifolia (Juglandaceae)

MERKMALE: *Die graubraune Rinde bildet bei älteren Bäumen tiefe Furchen.*

Dieser ausladende Baum hat klebrige Zweige, die dicht behaart sind, wenn sie jung sind. Die großen Blätter setzen sich aus bis zu 19 gezähnten Fiedern zusammen, auf beiden Seiten behaart. Die Blüten sind klein, Blütenblätter fehlen. Die männlichen sind grün, bis zu 30 cm lange Kätzchen. Die weiblichen sind ebenfalls grün und sitzen an den Enden junger Triebe. Die Frucht ist eine essbare braune Nuss in einer klebrigen grünen Schale.

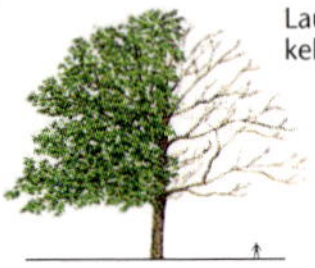

HÖHE *20 m.*
AUSBREITUNG *20 m.*
RINDE *Graubraun, entwickelt im Alter Furchen.*
BLÜTEZEIT *Spätes Frühjahr bis Frühsommer.*
VORKOMMEN *Kultiviert; stammt aus Japan.*
ÄHNLICHE ARTEN *Schwarze Walnuss (unten), die keine klebrigen, behaarten Zweige hat.*

Schwarze Walnuss

Juglans nigra (Juglandaceae)

MERKMALE: *Die schlanken, scharf gezähnten Fiedern sind glänzend dunkelgrün.*

Dieser kräftige Baum ist anfangs kegelförmig, im Alter ausladend. Die großen Blätter setzen sich aus bis zu 23 Fiedern zusammen, die endständige Fieder fehlt oft. Die Blüten sind klein und grün ohne Blütenblätter. Die männlichen sitzen in hängenden Kätzchen, die weiblichen in kleinen Büscheln an den Enden junger Triebe. Die Frucht ist eine essbare braune Nuss in einer grünen Schale.

HÖHE *25 m.* **AUSBREITUNG** *20 m.*
RINDE *Dunkel graubraun, im Alter mit Furchen.*
BLÜTEZEIT *Spätes Frühjahr bis Frühsommer.*
VORKOMMEN *Kultiviert (in Forsten als Holzlieferant); stammt aus dem Osten Nordamerikas.*
ÄHNLICHE ARTEN *Japanische Walnuss (oben), die klebrige, behaarte Zweige und weniger Fiedern hat.*

Echte Walnuss

Juglans regia (Juglandaceae)

Dieser Laub abwerfende Baum hat dunkelgrüne Blätter mit fünf bis neun Fiedern, die bronzefarben sind, wenn sie jung sind. Sie stehen an kräftigen, glatten Ästen und riechen aromatisch, wenn man sie zerreibt. Die gelbgrünen Blüten sind klein und haben keine Blütenblätter. Die männlichen hängen in auffälligen, bis zu 10 cm langen Kätzchen von den Spitzen junger Triebe, wenn sich die Blätter entfalten. Die Frucht ist die bekannte Walnuss, die in einer runden grünen Schale eingeschlossen ist, die braun reift.

MERKMALE: *Männliche und weibliche Blüten stehen an getrennten hängenden Kätzchen am selben Baum, die weiblichen sind kürzer als die männlichen.*

HÖHE *25 m.* **AUSBREITUNG** *20 m.*
RINDE *Bei jungen Bäumen hellgrau und glatt, bildet im Alter Furchen.*
BLÜTEZEIT *Spätes Frühjahr bis Frühsommer.*
VORKOMMEN *Gebirge und Wälder im Hügelland in Südosteuropa; wird oft wegen ihres dekorativen Wuchses, der Nüsse und des Holzes angepflanzt; verwildert oft.*
ÄHNLICHE ARTEN *Keine – keine andere Walnussart hat Blätter mit so wenigen ungezähnten Fiedern.*

ANMERKUNG

Walnüsse haben gegenüber Hickorynüssen gekammertes Mark, das man sieht, wenn man die Zweige der Länge nach durchschneidet.

Kaukasische Flügelnuss

Pterocarya fraxinifolia (Juglandaceae)

MERKMALE: *Die Rinde alter Bäume bildet im Lauf der Jahre tiefe, überkreuzte Furchen.*

Bei diesem schnellwüchsigen Baum erscheinen meist an der Basis Schösslinge. Die großen Blätter setzen sich aus zahlreichen, glänzenden, dunkelgrünen Fiedern zusammen, die sich im Herbst gelb färben. Die kleinen Blüten ohne Blütenblätter erscheinen an hängenden Kätzchen, die männlichen sind gelb, die weiblichen grün. Die kleinen, grün geflügelten Nüsse an den langen, herabhängenden Fruchtständen reifen braun.

HÖHE *30 m.* **AUSBREITUNG** *30 m.*
RINDE *Bei jungen Bäumen grau und glatt, bildet später Furchen.*
BLÜTEZEIT *Spätes Frühjahr.*
VORKOMMEN *Kultiviert; stammt aus dem Kaukasus und Nordiran.*
ÄHNLICHE ARTEN Pterocarya *x* rehderiana *(unten), die leicht geflügelte Blattstiele hat.*

Pterocarya x *rehderiana*

Pterocarya x *rehderiana* (Juglandaceae)

MERKMALE: *Die reifenden Fruchtstände hängen im Sommer herab.*

Diese Hybridform zwischen der Kaukasischen Flügelnuss (oben) und der Chinesischen Flügelnuss *(P. stenoptera)* ist ein kräftiger Baum, der an der Basis Schösslinge bildet. Die Blätter haben bis zu 19 gezähnte Fiedern und geflügelte Blattstiele. Die kleinen Blüten ohne Blütenblätter stehen in getrennten Kätzchen, die männlichen sind gelb, die weiblichen grün. Ihnen folgen kleine, geflügelte Nüsse.

HÖHE *25 m.*
AUSBREITUNG *25 m.*
RINDE *Violettbraun, bildet im Alter Furchen.*
BLÜTEZEIT *Spätes Frühjahr.*
VORKOMMEN *Nur in Kultur bekannt.*
ÄHNLICHE ARTEN *Kaukasische Flügelnuss (oben) und Chinesische Flügelnuss* (P. stenoptera) *ohne geflügelte Blattstiele.*

Mimose der Gärtner

Acacia dealbata (Leguminosae/Fabaceae)

Dieser immergrüne, breit kegelförmige bis ausladende Baum hat wechselständige, doppelt gefiederte, blaugrüne Blätter. Die zahlreichen Fiedern sind jeweils nur etwa 5 mm lang. Die einzelnen kleinen Blüten stehen in Büscheln, die sich zu großen Blütenständen zusammensetzen. Die Frucht ist eine flache Hülse, die von Grün zu Braun reift.

MERKMALE: *Die Rinde, die anfangs glatt und blaugrün ist, färbt sich im Alter fast schwarz.*

HÖHE *15 m.* **AUSBREITUNG** *10 m.*
RINDE *Glatt und blaugrün, wird im Alter fast schwarz.*
BLÜTEZEIT *Später Winter bis zeitiges Frühjahr.*
VORKOMMEN *Kultiviert (Mittelmeergebiet); stammt aus Südostaustralien und Tasmanien.*
ÄHNLICH *Seidenakazie (unten) mit dunkelgrünen Blättern und dunkel graubrauner Rinde.*

Seidenakazie

Albizia julibrissin (Leguminosae/Fabaceae)

Dieser Baum hat einen offenen, ausladenden Wuchs. Die wechselständigen, dunkelgrünen Blätter sind fein doppelt gefiedert. Dichte, flauschige Blütenstände erscheinen an den Enden der Triebe. Die Frucht ist eine flache, bis zu 15 cm lange Hülse, die braun reift.

MERKMALE: *Die kleinen Blüten in Büscheln fallen durch ihre langen, rosafarbenen Staubblätter auf.*

HÖHE *12 m.*
AUSBREITUNG *12 m.*
RINDE *Dunkel graubraun und glatt.*
BLÜTEZEIT *Spätsommer.*
VORKOMMEN *Kultiviert; stammt aus Südwestasien und China.*
ÄHNLICHE ARTEN *Mimose der Gärtner (oben), deren Blätter und Rinde blaugrün sind.*

MERKMALE: *Gelbe, bis zu 2 cm lange Schmetterlingsblüten stehen in kleinen Büscheln an schlanken Stielen.*

Gewöhnlicher Erbsenstrauch

Caragana arborescens (Leguminosae/Fabaceae)

Der Gewöhnliche Erbsenstrauch ist häufig eher ein großer Strauch als ein Baum. Er ist anfangs aufrecht und wird später ausladend. Die Blätter sind dunkel- bis mittelgrün und tragen vier bis sechs Paare ungezähnter Fiedern, die endständige Fieder wird durch einen schlanken Stachel ersetzt. Den Blüten folgen braune Hülsen, die bis zu 5 cm lang sind.

HÖHE *6 m.* **AUSBREITUNG** *4 m.*
RINDE *Graubraun, glatt und glänzend.*
BLÜTEZEIT *Spätes Frühjahr.*
VORKOMMEN *Kultiviert in Gärten, manchmal verwildert; stammt aus Nordasien.*
ÄHNLICHE ARTEN C. arborescens *'Lorbergii' ist eine Sorte mit schlanken Fiedern und kleineren Blüten.*

MERKMALE: *Flache, hülsenförmige Früchte färben sich von Grün zu Violettbraun.*

Johannisbrotbaum

Ceratonia siliqua (Leguminosae/Fabaceae)

Dieser immergrüne Baum mit ausladendem Wuchs wächst manchmal strauchförmig. Die ledrigen, glänzenden Blätter tragen bis zu sechs Paare ungezähnter Fiedern, die endständige Fieder fehlt. Kleine grüne Blüten stehen in bis zu 15 cm langen Blütenständen, die männlichen und weiblichen meist an getrennten Bäumen. Die Frucht, die nicht aufspringt, enthält harte Samen in einem süßen Fruchtfleisch.

HÖHE *10 m.* **AUSBREITUNG** *12 m.*
RINDE *Dunkelbraun und rau.*
BLÜTEZEIT *Sommer bis Herbst.*
VORKOMMEN *Trockene, steinige Gebiete und Hänge im Mittelmeergebiet; in Südeuropa oft kultiviert und verwildert.*
ÄHNLICHE ARTEN *Keine – die Blätter und Früchte sind sehr charakteristisch.*

Amerikanische Gleditschie

Gleditsia triacanthos (Leguminosae/Fabaceae)

Dieser Laub abwerfende Baum mit säulenförmiger bis ausladender Krone trägt am Stamm oft große, verzweigte Dornen. Die gefiederten oder doppelt gefiederten Blätter färben sich im Herbst gelb. Die kleinen Blüten sind gelbgrün, die männlichen und weiblichen stehen in getrennten, bis 5 cm langen Blütenständen. Die Frucht ist eine dunkelbraune, oft gedrehte, bis 45 cm lange Hülse.

MERKMALE: *Die dunkelgraue, schuppige Rinde ist rau und trägt oft verzweigte Dornen.*

HÖHE *30 m.* **AUSBREITUNG** *20 m.*
RINDE *Dunkelgrau, rau und schuppig, manchmal mit Dornen.*
BLÜTEZEIT *Frühsommer.*
VORKOMMEN *Kultiviert; stammt aus dem Osten Nordamerikas.*
ÄHNLICHE ARTEN *'Sunburst' und viele Gartensorten, die keine Dornen tragen.*

Alpen-Goldregen

Laburnum alpinum (Leguminosae/Fabaceae)

Dieser kleine, ausladende Baum oder Strauch hat dreiteilige Blätter, die oberseits tief- bis mittelgrün und unterseits glänzend grün, weich und leicht behaart sind. Die Schmetterlingsblüten sind bis zu 2 cm lang und sitzen an herabhängenden, bis zu 45 cm langen Trauben. Die Frucht ist eine hellbraune Hülse, die oberseits schmal geflügelt ist.

MERKMALE: *Duftende goldgelbe Blüten sitzen an herabhängenden Trauben.*

HÖHE *6 m oder mehr.*
AUSBREITUNG *5 m.*
RINDE *Dunkelgrau und glatt, später gefurcht.*
BLÜTEZEIT *Frühsommer.*
VORKOMMEN *Alpen, Balkangebirge.*
ÄHNLICHE ARTEN *Gewöhnlicher Goldregen (S. 74), dessen Blätter unterseits seidig behaart sind.*

MERKMALE: *Die goldgelben, duftenden Schmetterlingsblüten sitzen an hängenden, bis zu 25 cm langen Trauben.*

ANMERKUNG

Alle Teile dieses Baums und anderer Goldregen-Arten sind giftig.

Gewöhnlicher Goldregen

Laburnum anagyroides (Leguminosae/Fabaceae)

Dieser ausladende Baum hat wechselständige Blätter mit drei Fiedern, die an der Spitze gerundet sind. Sie sind oberseits tiefgrün, unterseits graugrün und mit seidigen, weißen Haaren bedeckt, wenn sie jung sind. Die goldgelben Blüten stehen in dichten, auffallenden Trauben. Die Frucht ist eine leicht gerundete, behaarte, hellbraune Hülse mit schwarzen Samen, die bis zu 8 cm lang wird. Der Gewöhnliche Goldregen wurde in Gärten größtenteils durch den Hybrid-Goldregen ersetzt.

HÖHE *7 m.* **AUSBREITUNG** *3 m.*
RINDE *Glatt und dunkelgrau, im Alter mit Furchen.*
BLÜTEZEIT *Spätes Frühjahr bis Frühsommer.*
VORKOMMEN *Wälder und Dickichte in Gebirgsregionen Süd- und Mitteleuropas.*
ÄHNLICHE ARTEN *Hybrid-Goldregen (rechts), der etwas längere Blütentrauben und kleinere Hülsen trägt; Alpen-Goldregen (S. 73), dessen Blätter unterseits grün und glatt sind.*

Hybrid-Goldregen

Laburnum x *watereri* (Leguminosae/Fabaceae)

Die Blätter dieses ausladenden Baums setzen sich aus drei bis zu 8 cm langen Fiedern zusammen. Sie sind oberseits tiefgrün und mit angedrückten seidigen Haaren besetzt. Die goldgelben, duftenden Schmetterlingsblüten sitzen an hängenden Trauben, die 30 cm lang oder länger sind. Die Frucht ist eine braune, bis zu 6 cm lange Hülse mit wenigen Samen und erscheint oft in geringer Zahl. Der Baum ist eine Hybridform zwischen dem Alpen-Goldregen (S. 73) und dem Gewöhnlichen Goldregen (links).

MERKMALE: *Die dunkelgraue, glatte Rinde bekommt im Alter Risse.*

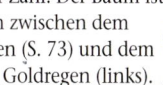

HÖHE *7 m.*
AUSBREITUNG *3 m.*
RINDE *Glatt, dunkelgrau, im Alter mit Rissen.*
BLÜTEZEIT *Spätes Frühjahr bis Frühsommer.*
VORKOMMEN *Gebirge in Südeuropa.*
ÄHNLICHE ARTEN *Alpen-Goldregen (S. 73), Gewöhnlicher Goldregen (links).*

Gewöhnliche Scheinakazie

Robinia pseudoacacia (Leguminosae/Fabaceae)

Dieser kräftige Baum mit breit säulenförmigem Wuchs verbreitet sich oft mit Ausläufern. Die Blätter tragen bis zu 21 Fiedern und meist ein Paar Stacheln an der Basis. Die weißen, duftenden Schmetterlingsblüten sitzen an bis zu 20 cm langen, hängenden Trauben, die dunkelbraunen Samenhülsen sind bis zu 10 cm lang.

MERKMALE: *Die blaugrünen Blätter setzen sich aus vielen ungezähnten, unterseits graugrünen Fiedern zusammen.*

HÖHE *25 m.* **AUSBREITUNG** *15 m.*
RINDE *Graubraun mit tiefen Furchen.*
BLÜTEZEIT *Frühsommer.*
VORKOMMEN *Kultiviert, oft verwildert; stammt aus dem Südosten der USA.*
ÄHNLICHE ARTEN *Japanischer Schnurbaum (S. 76) mit grünen Zweigen ohne Stacheln und kleineren Hülsen.*

MERKMALE: *Die duftenden Blüten öffnen sich an bis zu 30cm langen Blütenständen.*

Japanischer Schnurbaum

Sophora japonica (Leguminosae/Fabaceae)

Die glatten Äste dieses Laub abwerfenden Baums tragen keine Dornen. Die wechselständigen Blätter setzen sich aus bis zu 17 Fiedern zusammen, die oberseits dunkelgrün und unterseits blaugrün sind. Die Schmetterlingsblüten sind weiß oder rosafarben getönt, die Frucht ist eine braune, etwa 8cm lange Hülse.

HÖHE *20m.* **AUSBREITUNG** *20m.*
RINDE *Dunkel graubraun mit Furchen.*
BLÜTEZEIT *Sommer, in Gegenden mit kühlen Sommern im Frühherbst.*
VORKOMMEN *Kultiviert und in Europa manchmal verwildert; stammt aus China.*
ÄHNLICHE ARTEN *Gewöhnliche Scheinakazie (S. 75), die stachelige, rotbraune Zweige hat.*

MERKMALE: *Die duftenden, hellvioletten Blüten stehen in großen Blütenständen.*

Indischer Zederachbaum

Melia azedarach (Meliaceae)

Dieser Laub abwerfende Baum mit elegantem, ausladendem Wuchs hat glänzend dunkelgrüne Blätter, die wechselständig und doppelt gefiedert sind. Kleine, hellviolette Blüten mit je fünf Blütenblättern stehen in bis zu 20cm langen Blütenständen. Die runden, orangegelben Früchte bleiben oft den Winter über am Baum hängen.

HÖHE *10m.*
AUSBREITUNG *15m.*
RINDE *Grau und gefurcht.*
BLÜTEZEIT *Spätes Frühjahr bis Frühsommer.*
VORKOMMEN *Kultiviert (v.a. im Mittelmeergebiet) und gelegentlich verwildert; stammt aus Südasien.*
ÄHNLICHE ARTEN *Keine.*

Weiß-Esche

Fraxinus americana (Oleaceae)

Dieser Baum hat einen breit säulenförmigen Wuchs. Im Winter enden seine kräftigen Zweige in dunkelbraunen oder fast schwarzen Knospen. Die gegenständigen Blätter tragen bis zu neun kurz gestielte, leicht gezähnte eiförmige Fiedern, die oberseits dunkelgrün und unterseits blaugrün sind. Das Laub färbt sich im Herbst gelb, rot oder violett und bietet einen spektakulären Anblick. Die kleinen Blüten ohne Blütenblätter sind violett oder grün, männliche und weibliche Blüten erscheinen an getrennten Bäumen. Die Früchte haben flache Flügel und reifen von Grün zu Braun.

MERKMALE: *Der graubraune Stamm bildet im Alter schmale, überkreuzte Furchen aus, anders als viele andere Eschen-Arten, die eine glatte Rinde haben.*

ANMERKUNG

Die Weiß-Esche hat ein wertvolles Holz, aus dem traditionell Sportgeräte, wie Baseball-Schläger, hergestellt werden.

HÖHE *30 m.* **AUSBREITUNG** *25 m.*
RINDE *Graubraun mit schmalen Furchen.*
BLÜTEZEIT *Frühjahr.*
VORKOMMEN *Kultiviert (einige Sorten werden ihres Wuchses und ihrer Herbstfärbung wegen angepflanzt); stammt aus dem Osten Nordamerikas.*
ÄHNLICHE ARTEN *Pennsylvanische Esche (S. 81), deren Blätter unterseits grün, nicht weißlich sind.*

MERKMALE: *Die graubraune Rinde dieser schmalblättrigen Esche ist auffällig gefurcht.*

Schmalblättrige Esche

Fraxinus angustifolia (Oleaceae)

Die Zweige dieses breit säulenförmigen Baums enden in braunen Knospen. Die gegenständigen Blätter tragen bis zu 13 gezähnte, zugespitzte Fiedern, die oberseits glänzend hellgrün und unterseits unbehaart sind. Die kleinen grünen oder violetten Blüten ohne Blütenblätter in Büscheln öffnen sich vor den Blättern, die männlichen und weiblichen erscheinen an getrennten Pflanzen. Die geflügelten, bis 4 cm langen Früchte reifen von Grün zu Braun. Die Blätter der ähnlichen Kaukasus-Esche stehen oft zu dreien und haben schlanke Fiedern, die unterseits nahe der Basis behaart sind.

ANMERKUNG

Diese weitverbreitete und variable Art ist meist an ihren schmalen, scharf gezähnten Blättern zu erkennen.

HÖHE *25 m.* **AUSBREITUNG** *20 m.*
RINDE *Dunkel graubraun, mit auffallenden Furchen.*
BLÜTEZEIT *Frühjahr.*
VORKOMMEN *Wälder und Flussufer in Süd- und Osteuropa.*
ÄHNLICHE ARTEN *Gewöhnliche Esche (rechts), die charakteristische schwarze Knospen hat; Kaukasus-Esche* (F. angustifolia *ssp.* oxycarpa), *die unterschiedliche Blätter hat und von Südosteuropa bis zum Kaukasus vorkommt.*

Gewöhnliche Esche

Fraxinus excelsior (Oleaceae)

Dieser große Baum mit breit säulenfömigem bis ausladendem Wuchs hat kräftige, glatte Zweige und auffallende schwarze Knospen. Die gegenständigen Blätter setzen sich aus bis zu 13 scharf gezähnten, dunkelgrünen Fiedern zusammen, die je etwa 10 cm lang sind und schlanke Spitzen haben. Im Sommer können kräftige Schösslinge an der Basis erscheinen, oft mit violetten Blättern. Die männlichen und weiblichen Blüten stehen getrennt, am selben oder verschiedenen Bäumen. Die glänzend grünen, geflügelten Früchte stehen in Büscheln. Sie werden bis zu 4 cm lang und reifen braun.

MERKMALE: *Die kleinen, violetten Blüten haben keine Blütenblätter – sie öffnen sich aus schwarzen Knospen, bevor die Blätter erscheinen.*

HÖHE *30 m oder mehr.* **AUSBREITUNG** *20 m.*
RINDE *Bei jungen Bäumen glatt und hellgrün, entwickelt im Alter tiefe Furchen.*
BLÜTEZEIT *Frühjahr.*
VORKOMMEN *In den meisten Wäldern und an Flussufern, im größten Teil Europas.*
ÄHNLICHE ARTEN *Schmalblättrige Esche (links), die braune Knospen und schmälere Blätter hat; Blumen-Esche (S. 80), die graue Knospen hat.*

ANMERKUNG

Die charakteristischen Blütenknospen stehen dicht und sind fast schwarz. Sie sind im zeitigen Frühjahr leicht zu entdecken.

MERKMALE: *Die duftenden weißen Blüten stehen in bis zu 20 cm langen Blütenständen.*

Blumen-Esche

Fraxinus ornus (Oleaceae)

Dieser Baum mit ausladendem Wuchs hat Zweige mit grauen Knospen. Die gegenständigen, bis zu 25 cm langen Blätter haben bis zu neun dunkelgrüne, spitze, scharf gezähnte Fiedern, die mittlere Blattader ist unterseits behaart. Im Herbst färben sie sich violett und gelb. Den duftenden Blüten folgen geflügelte, bis zu 4 cm lange Früchte.

HÖHE *20 m.*
AUSBREITUNG *20 m.*
RINDE *Glatt, dunkelgrau.*
BLÜTEZEIT *Spätes Frühjahr bis Frühsommer.*
VORKOMMEN *Wälder und trockene Hänge im Mittelmeergebiet und Osteuropa.*
ÄHNLICHE ARTEN *Gewöhnliche Esche (S. 79), die schwarze Knospen trägt.*

MERKMALE: *Die graubraune Rinde ist anfangs glatt, im Alter bilden sich Furchen.*

Fraxinus pallisiae

Fraxinus pallisiae (Oleaceae)

Die jungen Triebe dieses breit säulenförmigen Baums sind dicht mit weichen, weißen Haaren besetzt. Die gegenständigen Blätter stehen zu dreien. Sie sind dunkelgrün, bis zu 25 cm lang und setzen sich aus bis zu 13 schlanken Fiedern zusammen, die unterseits dicht behaart sind. Die kleinen grünen Blüten öffnen sich vor den Blättern. Ihnen folgen im Herbst geflügelte Früchte.

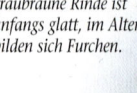

HÖHE *30 m.*
AUSBREITUNG *20 m.*
RINDE *Graubraun, bildet Furchen.*
BLÜTEZEIT *Frühjahr.*
VORKOMMEN *Flussufer in Südosteuropa.*
ÄHNLICHE ARTEN *Schmalblättrige Esche (S. 78), deren Zweige und Blätter nicht dicht behaart sind.*

Pennsylvanische Esche

Fraxinus pennsylvanica (Oleaceae)

Die Zweige dieses schnellwüchsigen Baums mit breit säulenförmigem Wuchs tragen stumpfe braune Knospen. Die großen Blätter setzen sich aus bis zu neun gezähnten oder ungezähnten, ungestielten Fiedern zusammen. Sie sind oberseits glänzend dunkelgrün, unterseits heller und färben sich im Herbst gelb. Die kleinen grünen oder violetten Blüten haben keine Blütenblätter und öffnen sich nach den Blättern. Die männlichen und weiblichen Blüten stehen in Büscheln an verschiedenen Pflanzen. Die geflügelten Früchte reifen von Grün zu Braun.

MERKMALE: *Die Rinde der Pennsylvanischen Esche hat schmale, gekreuzte Furchen.*

HÖHE *20 m.*
AUSBREITUNG *15 m.*
RINDE *Graubraun mit schmalen Furchen.*
BLÜTEZEIT *Frühjahr.*
VORKOMMEN *Kultiviert; stammt aus Nordamerika.*
ÄHNLICHE ARTEN *Die Weiß-Esche (S. 77) wird oft mit dieser Art verwechselt, sie hat jedoch spitze Knospen und unterseits blaugrüne Blätter.*

ANMERKUNG

Früher wurden zwei Formen beschrieben, die Pennsylvanische Esche mit glatten und die Rot-Esche mit behaarten Zweigen. Heute gelten sie als eine Art.

MERKMALE: *An den weiblichen Palmen erscheinen eiförmige, orangefarbene Früchte mit trockenem Fruchtfleisch.*

Kanarische Dattelpalme

Phoenix canariensis (Palmae/Arecaceae)

Diese immergrüne Palme hat einen einzigen kräftigen Stamm und eine große, gerundete Krone. Die Blätter entspringen an der Spitze des Stamms. Sie sind riesig und mit bis zu 200 Paaren dunkelgrüner, spitzer, bis zu 50 cm langer Fiedern besetzt, die an der Basis des Blatts sind auf Stacheln reduziert. Die kleinen, cremegelben, 1–2 cm langen Blüten sitzen an hängenden Blütenständen zwischen den Blättern. Männliche und weibliche Blüten erscheinen an getrennten Pflanzen. Die Dattelpalme *(P. dactylifera)*, die kultiviert wird, ist größer. *P. theophrasti* hat blaugrüne Blätter und trockene Früchte. Sie wird bis 10 m hoch und kommt nur auf Kreta vor.

Rinde durch alte Blattbasen gezeichnet

ANMERKUNG

Die Kanarische Dattelpalme wird mit Vorliebe in Gärten gepflanzt. Sie ist an ihrem kurzen, kräftigen Stamm gut zu erkennen.

HÖHE *20 m.* **AUSBREITUNG** *10 m.*
RINDE *Grau und rau, deutlich durch alte Blattbasen gekennzeichnet.*
BLÜTEZEIT *Sommer.*
VORKOMMEN *In Tälern der Kanarischen Inseln, allgemein in der Mittelmeerregion und anderen warmen Gebieten angesiedelt.*
ÄHNLICHE ARTEN *Dattelpalme* (P. dactylifera). *Sie ist größer, bis 30 m, oft mit Ausläufern von der Basis, und hat längere, bis 7 cm, fleischigere Früchte.*

Chinesische Hanfpalme

Trachycarpus fortunei (Palmae/Arecaceae)

Diese Palme hat einen einzigen schlanken Stamm und eine kleine Krone. Die Blätter sind fast bis zur Basis in viele steife, dunkelgrüne Segmente geteilt, der Blattstiel ist bis zu 45 cm lang. Die cremegelben Blüten öffnen sich in großen Blütenständen, die männlichen und weiblichen erscheinen an getrennten Pflanzen. Die Frucht enthält einen einzigen Samen.

MERKMALE: *Die graue Rinde ist unter alten Blattbasen und dichten braunen Fasern verborgen.*

HÖHE *10 m.* **AUSBREITUNG** *3 m.*
RINDE *Grau und gefurcht.*
BLÜTEZEIT *Spätes Frühjahr bis Frühsommer.*
VORKOMMEN *In Europa kultiviert; stammt aus China.*
ÄHNLICHE ARTEN *Kalifornische Washingtonpalme (unten), die größer ist und keinen faserigen Stamm hat.*

Kalifornische Washingtonpalme

Washingtonia filifera (Palmae/Arecaceae)

Diese einstämmige Palme hat eine runde bis halbrunde offene Krone. Die unteren abgestorbenen Blätter hängen lange am Stamm herab. Die Blätter an langen, stacheligen Stielen sind bis zu 2 m lang und bis zur Hälfte in viele Segmente geteilt. Die cremeweißen Blüten sitzen an hängenden Blütenständen, ihnen folgen eiförmige braune Früchte.

MERKMALE: *Die fächerförmigen Blätter sind bis zu 2 m breit und haben etwa 50 Segmente.*

HÖHE *10 m.* **AUSBREITUNG** *3 m.*
RINDE *Grau, gefurcht, größtenteils von alten Blattbasen verdeckt.*
BLÜTEZEIT *Spätes Frühjahr bis Frühsommer.*
VORKOMMEN *Kultiviert; stammt aus China.*
ÄHNLICHE ARTEN *Chinesische Hanfpalme (oben), die kleiner ist, mit faserigen Blattbasen am Stamm.*

Gewöhnliche Eberesche

Sorbus aucuparia (Rosaceae)

MERKMALE: *Schwere Fruchtstände mit orangeroten Beeren locken Vögel an und ziehen die Zweige oft nach unten.*

Die Zweige dieses im Alter ausladenden, kegelförmigen Baums enden in violetten Knospen, die mit grauen Haaren bedeckt sind. Die Blätter tragen bis zu 15 gezähnte mattgrüne, unterseits blaugrüne Fiedern. Die weißen Blüten mit je fünf Blütenblättern und auffälligen Staubblättern öffnen sich in breiten Blütenständen und entwickeln sich zu Beeren, die roh giftig sind.

HÖHE *15 m.* **AUSBREITUNG** *10 m.*
RINDE *Glänzend grau und glatt, bekommt im Alter Furchen.*
BLÜTEZEIT *Spätes Frühjahr.*
VORKOMMEN *Wälder, Gebirge und Heidegebiete auf sauren Böden in Europa.*
ÄHNLICHE ARTEN *Japanische Eberesche (unten), Speierling (rechts).*

Japanische Eberesche

Sorbus commixta (Rosaceae)

MERKMALE: *Die orangefarbenen Früchte sind 8 mm breit und sitzen an roten Stielen.*

Dieser breit kegelförmige Baum wird im Alter ausladend. Er trägt klebrige, glänzende rote Knospen. Die Blätter tragen bis zu 15 fein gezähnte Fiedern, die oberseits glänzend grün und unterseits blaugrün sind. Im Herbst färben sie sich violett und rot. Den Blütenständen mit weißen Blüten folgen im Herbst orangerote Beeren.

HÖHE *10 m.* **AUSBREITUNG** *10 m.*
RINDE *Hellgrau und glatt.*
BLÜTEZEIT *Spätes Frühjahr.*
VORKOMMEN *Kultiviert; stammt aus Japan und Korea.*
ÄHNLICHE ARTEN *Gewöhnliche Eberesche (oben), die mattgrüne Blätter und grau behaarte Knospen hat.*

Speierling

Sorbus domestica (Rosaceae)

Die grünen Zweige dieses breit säulenförmigen bis ausladenden Baums enden in klebrigen grünen Knospen. Die wechselständigen, gelbgrünen Blätter tragen bis zu 21 längliche Fiedern, die oberseits glatt und unterseits behaart sind, wenn sie jung sind. Im Herbst färben sie sich violett oder rot. Die weißen, bis zu 1,5 cm breiten Blüten stehen in rundlichen Blütenständen.

MERKMALE: *Die grünen oder rot getönten, apfelförmigen Früchte haben eine körnige Oberfläche.*

HÖHE *20 m.*
AUSBREITUNG *15 m.*
RINDE *Dunkelbraun, schuppt sich im Alter.*
BLÜTEZEIT *Spätes Frühjahr.*
VORKOMMEN *Stammt aus Südeuropa; wird als dekorativer Baum oder seiner Früchte wegen gepflanzt, verwildert manchmal.*
ÄHNLICHE ARTEN *Gewöhnliche Eberesche (links) mit glatterer Rinde und kleineren, orangeroten Früchten, die roh giftig sind.*

ANMERKUNG

Der Speierling kommt auf dem europäischen Festland und in Südwales vor. Die relativ großen, apfel- oder birnenförmigen Früchte werden gegessen, wenn sie leicht überreif sind.

Bastard-Eberesche

Sorbus hybrida (Rosaceae)

MERKMALE: *Den kleinen weißen Blüten folgen runde rote Beeren.*

Dieser breit kegelförmige Baum wird im Alter rundlich. Die wechselständigen, eiförmigen, dunkelgrünen Blätter sind unterseits mit grauen Haaren bedeckt, an der Basis sitzen meist zwei Paare freier, gezähnter Fiedern. Zur Blattspitze nehmen die Blattlappen an Größe zu. Die Blüten stehen in breiten, flachen Blütenständen.

HÖHE *15m.* **AUSBREITUNG** *10m.*
RINDE *Grau und glatt, springt an der Basis auf.*
BLÜTEZEIT *Spätes Frühjahr.*
VORKOMMEN *Wälder in Skandinavien.*
ÄHNLICHE ARTEN S. meinichii *mit vier oder fünf Paaren freier Fiedern;* S. x thuringiaca *(rechts) mit größeren Blättern.*

Sorbus teodori

Sorbus teodorii (Rosaceae)

MERKMALE: *Den weißen Blüten in flachen Blütenständen folgen runde rote Beeren.*

Dieser Busch oder Baum hat eine ovale Krone, wenn er jung ist, später wird sie kegelförmig oder rundlich. Die kräftigen Zweige enden in violetten Knospen, die von grauen Haaren bedeckt sind. Die gefiederten Blätter sind oberseits dunkelgrün, unterseits grau behaart. Sie tragen meist vier oder fünf Fiederpaare und eine größere, dreiteilige endständige Fieder.

HÖHE *12m.* **AUSBREITUNG** *8m.*
RINDE *Graubraun und glatt.*
BLÜTEZEIT *Spätes Frühjahr.*
VORKOMMEN *Wälder in Schweden.*
ÄHNLICHE ARTEN S. meinichii *mit Blättern mit stumpfer endständiger Fieder; Bastard-Eberesche (oben), die meist zwei Paare freier Fiedern hat.*

Thüringer Mehlbeere

Sorbus x *thuringiaca* (Rosaceae)

Dieser Laub abwerfende Baum mit ovaler bis runder Krone hat schmale, eiförmige Blätter, meist mit einem oder mehreren Paaren freier Fiedern an der Basis. Diese fehlen an den Blättern der kurzen, blühenden Zweige oft. Das restliche Blatt ist gelappt, zur Spitze hin weniger tief. Die Blätter sind oberseits dunkelgrün, unterseits grau und behaart. Die kleinen weißen Blüten stehen in flachen Blütenständen. 'Fastigiata' ist eine häufige Gartensorte, deren aufrechte Äste eine dichte, ovale Krone bilden.

MERKMALE: *Die runden, leuchtend roten Früchte sind bis zu 1 cm breit, hängen in Büscheln und sind im Herbst sehr attraktiv.*

HÖHE *12 m.*
AUSBREITUNG *10 m.*
RINDE *Grau und glatt, springt im Alter auf.*
BLÜTEZEIT *Spätes Frühjahr.*
VORKOMMEN *Wälder in Europa; die Hybridform zwischen der Gewöhnlichen Mehlbeere (S. 191) und der Gewöhnlichen Eberesche (S. 84) tritt gelegentlich dort auf, wo die Elternarten zusammen vorkommen.*
ÄHNLICHE ARTEN *Bastard-Eberesche (links) mit kleineren Blättern.*

ANMERKUNG

Ihres kompakten, aufrechten Wuchses wegen ist 'Fastigiata' ein beliebter Zierbaum, vor allem dort, wo der Platz knapp ist.

MERKMALE: *Die gelben Blüten mit je vier Blütenblättern stehen in großen Rispen an den Enden der Zweige.*

Rispiger Blasenbaum

Koelreuteria paniculata (Sapindaceae)

Der elegante Wuchs dieses Baums ist säulenförmig mit einer breiten, ausladenden Krone, mit der er unverkennbar ist. Die wechselständigen Blätter sind gefiedert, einige Fiedern nochmals geteilt. Sie sind gezähnt und behaart und erscheinen bronzefarben, wenn sie jung sind. Später färben sie sich dunkelgrün und im Herbst schließlich gelb. Den kleinen gelben Blüten folgen blasenförmige Fruchtkapseln, die bis zu 5 cm lang und zunächst gelbgrün, später grün oder rot gefärbt sind.

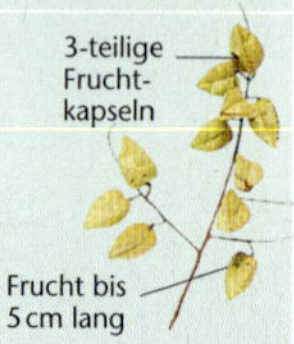

ANMERKUNG

Es gibt einige Gartensorten. 'Fastigiata' ist eine ungewöhnliche Sorte mit schmalem, aufrechtem Wuchs. 'Rose Lantern' wird meist ihrer roten Früchte wegen gepflanzt.

HÖHE *12 m.*
AUSBREITUNG *15 m.*
RINDE *Hellbraun mit schmalen Furchen.*
BLÜTEZEIT *Hoch- bis Spätsommer.*
VORKOMMEN *Nur kultiviert bekannt; stammt aus China und Korea.*
ÄHNLICHE ARTEN *Keine – in vielen Merkmalen sehr charakteristisch, vor allem im Spätsommer und Herbst, wenn die typischen Blüten und Früchte erscheinen.*

Götterbaum

Ailanthus altissima (Simaroubaceae)

Dieser schnellwüchsige, große Baum hat eine breit säulenförmige Krone. Die dunkelgrünen Blätter tragen 15 oder mehr Fiederpaare. Die Blüten sind klein mit fünf oder sechs gelbgrünen Blütenblättern und stehen in großen Rispen an den Enden der Zweige. Die männlichen und weiblichen Blüten erscheinen meist an verschiedenen Bäumen, den weiblichen folgen geflügelte, bis zu 4 cm lange Früchte, die denen der Esche *(Fraxinus)* ähneln. Sie sind zunächst grün und werden später gelbbraun mit roter Tönung.

MERKMALE: *Die dunkelgrünen Blätter setzen sich aus vielen Paaren von Fiedern zusammen, die bis auf 1–3 Kerben an der Basis ungezähnt sind.*

HÖHE *20 m oder höher.*
AUSBREITUNG *15 m.*
RINDE *Graubraun mit feinen Streifen, wird im Alter dunkler und rauer.*
BLÜTEZEIT *Spätsommer.*
VORKOMMEN *Kultiviert; stammt aus China.*
ÄHNLICHE ARTEN *Walnuss-* (Juglans) *und Eschenarten* (Fraxinus), *die gegenständige, ungekerbte Blätter haben.*

ANMERKUNG

Dieser kräftige Baum gedeiht in warmen Städten und wird dort oft gepflanzt. In kühleren Gegenden blüht er oft nicht und trägt keine Früchte.

Laubbäume mit einfachen Blättern

Die meisten Laubbäume haben einfache Blätter, die nicht in Fiedern oder Teilblätter geteilt sind. Sowohl Laub abwerfende wie immergrüne Bäume gehören zu dieser Gruppe. Die Blattform variiert zwischen schmal und breit, ungezähnt und gezähnt oder stachelig, rund und herzförmig sowie tief bis schwach gelappt. Palmen gehören eigentlich zu dieser Gruppe, sind jedoch wegen der physischen Ähnlichkeit bei den Bäumen mit zusammengesetzten Blättern aufgeführt.

SPITZ-AHORN

GRAU-ERLE

ROT-BUCHE

SOMMER-LINDE

Feld-Ahorn

Acer campestre (Aceraceae)

Dieser rundkronige, ausladende Ahorn wächst manchmal strauchförmig. Die gegenständigen Blätter sind oberseits dunkelgrün, unterseits heller und behaart und färben sich im Herbst gelb. Sie sind tief fünfteilig und an der Basis herzförmig, die größeren Lappen sind an den Spitzen nochmals gelappt. Die Ränder sind meist ungezähnt. Wenn man den Blattstiel durchschneidet, tritt ein milchiger Saft aus. Aufrechte Blütenstände mit kleinen, grünen Blüten öffnen sich mit den jungen Blättern. Die Frucht ist bis zu 2,5 cm lang und hat zwei ausladende Flügel.

MERKMALE: *Die geflügelten Früchte hängen in Büscheln und haben zwei ausladende Flügel. Sie reifen von Grün zu Rötlich.*

ANMERKUNG

Diese Art wird oft in Hecken gepflanzt. Gartensorten haben zum Teil zweifarbige Blätter, wie 'Carnival', dessen Blätter weiße Ränder haben, und 'Pulverulentum' mit weiß gefleckten Blättern.

HÖHE *15 m.*
AUSBREITUNG *10 m.*
RINDE *Hellbraun, mit orangefarbenen Furchen, manchmal etwas korkig.*
BLÜTEZEIT *Frühjahrsmitte bis spätes Frühjahr.*
VORKOMMEN *Wälder und Hecken in ganz Europa.*
ÄHNLICHE ARTEN *Felsen-Ahorn (S. 97), der meist dreilappige Blätter und keinen Milchsaft in den Blattstielen hat.*

MERKMALE: *Die glatte grün-graue Rinde mit senkrechten weißen Streifen erinnert an die Haut einer Schlange.*

Roter Schlangenhaut-Ahorn

Acer capillipes (Aceraceae)

Die aufrechten Äste und jungen grünen Zweige bilden bei diesem Ahorn eine breit säulenförmige bis ausladende Krone. Die Blätter sind in drei spitze, gezähnte Lappen geteilt und kräftig grün. Die grünen Blüten stehen in schlanken, herabhängenden Blütenständen. Ihnen folgen rot getönte, geflügelte Früchte.

HÖHE *15 m.* **AUSBREITUNG** *10 m.*
RINDE *Grün mit weißen, senkrechten Streifen.*
BLÜTEZEIT *Spätes Frühjahr.*
VORKOMMEN *Kultiviert; stammt aus Japan.*
ÄHNLICHE ARTEN *Rotnerviger Ahorn (S. 102), auch kultiviert; mit unterseits behaarten Blättern und weiß bereiften jungen Trieben.*

MERKMALE: *Die kräftig grünen Blätter haben fünf bis sieben spitze Lappen und färben sich im Herbst gelb.*

Kolchischer Ahorn

Acer cappadocicum (Aceraceae)

Dieser breit säulenförmige bis ausladende Baum mit grünen Zweigen bildet an der Basis oft Schösslinge. Wenn man die Blattstiele durchschneidet, tritt weißer Saft aus. Die kleinen, gelbgrünen Blüten erscheinen mit den jungen Blättern in aufrechten, gerundeten Blütenständen. Ihnen folgen grüne, geflügelte Früchte. Die Gartensorte 'Aureum' hat gelbes Laub, 'Rubrum' tiefrote junge Blätter.

HÖHE *20 m.* **AUSBREITUNG** *15 m.*
RINDE *Grau und glatt.*
BLÜTEZEIT *Spätes Frühjahr.*
VORKOMMEN *Kultiviert; stammt aus der Türkei, dem Iran und dem Kaukasus, mit Unterarten im Himalaya und China.*
ÄHNLICHE ARTEN *Italienischer Ahorn (S. 96), aufrechter Wuchs und bereifte Zweige.*

Davids Ahorn

Acer davidii (Aceraceae)

Dieser kleine Baum mit kegelförmigem bis ausladendem Wuchs hat glänzend dunkelgrüne Blätter. Sie sind eiförmig und zugespitzt mit oder ohne kleine Lappen am Blattgrund. Im Herbst können sie sich gelb, orangefarben oder rot färben. Herabhängende, bis 10 cm lange Blütenstände mit kleinen grünen Blüten erscheinen zusammen mit den jungen Blättern. Diesen folgen grüne, geflügelte Früchte, die rötlich und später braun werden. Es gibt verschiedene Gartensorten, wie 'Ernest Wilson' mit hellgrünen Blättern, die sich im Herbst leuchtend orangerot färben. 'George Forrest' hat große, dunkelgrüne Blätter, die sich kaum verfärben.

MERKMALE: *Dieser Ahorn ist eine der asiatischen Arten, die ihrer attraktiven Rinde wegen auch »Schlangenhaut-Ahorn« genannt werden.*

HÖHE *15 m.*
AUSBREITUNG *10 m.*
RINDE *Grün mit schmalen, senkrechten weißen Streifen und waagrechten Sprüngen.*
BLÜTEZEIT *Spätes Frühjahr.*
VORKOMMEN *Kultiviert; stammt aus China.*
ÄHNLICHE ARTEN *Rotnerviger Ahorn (S. 102) und Streifen-Ahorn (S. 99), beide mit gelappten Blättern.*

ANMERKUNG

Diese Art ist in ihrer Blattform variabel und eine der häufigsten Schlangenhaut-Ahorn-Arten.

MERKMALE: *Die geflügelten Früchte, die an schlanken Stielen hängen, reifen bei der Unterart* trautvetteri *von Grün zu Rot.*

Griechischer Ahorn

Acer heldreichii (Aceraceae)

Dieser Ahorn mit breit säulenförmiger bis ausladender Krone hat fast bis zum Grund eingeschnittene Blätter. Die fünf Blattlappen sind gezähnt, die untersten am kleinsten. Sie sind oberseits glänzend dunkelgrün, unterseits blaugrün und färben sich im Herbst gelb oder rot. Die kleinen gelben Blüten stehen in aufrechten Blütenständen, wenn sich die Blätter entfalten. Ihnen folgen geflügelte Früchte. Die Unterart *A. heldreichii* ssp. *trautvetteri* aus dem Kauksus wird gelegentlich angepflanzt.

ANMERKUNG

Dieser Ahorn ist an den manchmal bis fast zum Grund eingeschnittenen Blättern von anderen Ahorn-Arten zu unterscheiden.

HÖHE *20 m.*
AUSBREITUNG *15 m.*
RINDE *Glatt und graubraun, bekommt im Alter Furchen.*
BLÜTEZEIT *Spätes Frühjahr.*
VORKOMMEN *Gebirgswälder auf dem Balkan.*
ÄHNLICHE ARTEN *Berg-Ahorn (S. 101), der weniger tief eingeschnittene Blätter und hängende Blütenstände hat;* A. h. *ssp.* trautvetteri, *der weniger tief eingeschnittene Blätter und leuchtend rote Früchte hat.*

Balkan-Ahorn

Acer hyrcanum (Aceraceae)

Dieser Ahorn hat gegenständige Blätter, die in manchmal drei, meist aber fünf Lappen mit einigen auffallenden Zähnen geteilt sind. Sie sind oberseits dunkelgrün, unterseits blaugrün und färben sich im Herbst gelb. Die kleinen, gelbgrünen Blüten öffnen sich an hängenden Blütenständen, wenn die jungen Blätter erscheinen. Ihnen folgen geflügelte Früchte, die von Grün zu Braun reifen.

MERKMALE: *Die graubraune, glatte Rinde wird im Alter schuppig.*

HÖHE *10 m.* **AUSBREITUNG** *10 m.*
RINDE *Graubraun.*
BLÜTEZEIT *Spätes Frühjahr.*
VORKOMMEN *Wälder an trockenen Gebirgshängen in Südosteuropa.*
ÄHNLICHE ARTEN *Feld-Ahorn (S. 91) mit kleineren Blättern; Granada-Ahorn* (A. granatense) *mit kleineren, behaarten Blättern.*

Japanischer Ahorn

Acer japonicum (Aceraceae)

Dieser ausladende Baum hat gerundete Blätter, die auf beiden Seiten seidig behaart sind, wenn sie jung sind. Sie haben sieben bis elf spitze, dunkelgrüne Lappen und färben sich im Herbst orangefarben, rot und violett. Die kleinen, rotvioletten Blüten öffnen sich an hängenden Blütenständen, wenn die Blätter sich entfalten. Ihnen folgen geflügelte grüne oder rot getönte Früchte.

MERKMALE: *Die runden, gelappten Blätter haben scharf gezähnte Ränder.*

HÖHE *10 m.* **AUSBREITUNG** *10 m.*
RINDE *Glatt und graubraun.*
BLÜTEZEIT *Spätes Frühjahr.*
VORKOMMEN *Kultiviert; stammt aus Japan.*
ÄHNLICHE ARTEN *Japanischer Ahorn (S. 98), der Blätter mit weniger Lappen und Haarbüscheln unterseits in den Verzweigungen der Adern hat.*

MERKMALE: *In der glatten, hellgrauen Rinde erscheinen schmale, senkrechte Furchen, wenn der Baum älter wird.*

Italienischer Ahorn

Acer lobelii (Aceraceae)

Die jungen Zweige dieses schmal säulenförmigen Baums sind bläulich weiß bereift und werden im folgenden Jahr grün. Die gegenständigen Blätter sind in fünf Lappen mit gewellten Rändern geteilt, die zu einer feinen Spitze auslaufen und keine oder nur wenige Zähne haben. Sie sind oberseits glänzend dunkelgrün, unterseits heller und färben sich im Herbst gelb. Wenn man den Blattstiel durchschneidet, tritt Milchsaft aus. Die gelbgrünen Blüten in aufrechten Blütenständen öffnen sich mit den jungen Blättern, ihnen folgen geflügelte Früchte.

HÖHE *20 m.*
AUSBREITUNG *6 m.*
RINDE *Hellgrau und glatt, im Alter schmale Furchen.*
BLÜTEZEIT *Spätes Frühjahr.*
VORKOMMEN *Gebirgswälder in Süditalien.*
ÄHNLICHE ARTEN *Kolchischer Ahorn (S. 92) mit ausladendem Wuchs, ohne bereifte Zweige; Spitz-Ahorn (S. 100) mit mehreren spitzen Zähnen an den Blattlappen.*

ANMERKUNG

Dieser Baum hat einen sehr typischen Wuchs und wird oft wegen seiner Herbstfärbung gepflanzt.

Felsen-Ahorn

Acer monspessulanum (Aceraceae)

Dieser ausladende Baum hat eine dichte, runde Krone, manchmal wächst er auch strauchförmig. Die ledrigen, oberseits glänzend dunkelgrünen und unterseits blaugrünen Blätter sind klein und in drei ungezähnte Lappen geteilt. Den hängenden Blütenständen mit gelbgrünen Blüten folgen geflügelte Früchte.

MERKMALE: *Die dunkelgraue oder schwärzliche Rinde dieses Ahorns bekommt bei älteren Bäumen Risse.*

HÖHE *10 m.* **AUSBREITUNG** *10 m.*
RINDE *Dunkelgrau oder schwärzlich, im Alter mit Rissen.*
BLÜTEZEIT *Frühsommer.*
VORKOMMEN *Sonnige Hänge und Gebirge in Süd- und Mitteleuropa.*
ÄHNLICHE ARTEN *Kretischer Ahorn (S. 104), der immergrün ist; Feld-Ahorn (S. 91).*

Schneeballblättriger Ahorn

Acer opalus (Aceraceae)

Dieser Baum hat eine breit säulenförmige Krone. Die Blätter sind tief in drei stumpf gezähnte Lappen geteilt, manchmal befinden sich am Grund noch zwei kleinere Lappen. Sie sind oberseits glänzend dunkelgrün, unterseits außer an den Adern behaart und färben sich im Herbst gelb. Die Blütenstände mit gelben Blüten öffnen sich vor den Blättern. Die Unterart ssp. *obtusatum* hat Blätter mit kleinen, runden Lappen.

MERKMALE: *Den Blüten folgen geflügelte Früchte, die in Paaren in verzweigten Fruchtständen stehen.*

HÖHE *20 m.* **AUSBREITUNG** *15 m.*
RINDE *Rosafarben mit grauer Tönung, schält sich in großen Platten.*
BLÜTEZEIT *Zeitiges Frühjahr.*
VORKOMMEN *Wälder im Hügelland und Gebirge in Südwesteuropa.*
ÄHNLICHE ARTEN *Berg-Ahorn (S. 101) mit tiefer gelappten, gezähnten Blättern.*

Fächer-Ahorn

Acer palmatum (Aceraceae)

MERKMALE: *Die oberseits kräftig grünen Blätter färben sich im Herbst gelb, orangefarben oder rot, die geflügelten Früchte sind rot oder grün.*

Dieser Baum mit elegantem, ausladendem Wuchs hat schlanke Äste, die in kleinen, paarigen Knospen enden. Die gegenständigen Blätter sind in fünf bis sieben spitze, gezähnte Lappen geteilt und tragen unterseits in den Verzweigungen der Blattadern Haarbüschel. Die kleinen rotvioletten und weißen Blüten öffnen sich in Büscheln mit den jungen Blättern. Ihnen folgen Früchte mit grünen oder roten, bis zu 2 cm langen Flügeln. Zu den zahlreichen Gartensorten gehören 'Atropurpureum' mit violettem Laub, 'Dissectum', eine strauchförmige Sorte, 'Osakazuki' mit schöner Herbstfärbung und 'Sango-kaku' ('Senkaki') mit im Winter rosafarbenen Zweigen.

ANMERKUNG

Diese Art wird ihrer Herbstfärbung wegen in Gärten gepflanzt. Die Blätter sind unterschiedlich tief eingeschnitten und gezähnt.

HÖHE *10 m oder höher.*
AUSBREITUNG *10 m.*
RINDE *Graubraun, glatt, bei älteren Bäumen leicht gefurcht.*
BLÜTEZEIT *Spätes Frühjahr.*
VORKOMMEN *Kultiviert; stammt aus Japan, China und Korea.*
ÄHNLICHE ARTEN *Japanischer Ahorn (S. 95), der weniger tief eingeschnittene Blätter mit zahlreicheren Lappen hat. Sie sind wie die Triebe dicht seidig behaart, wenn sie jung sind.*

Streifen-Ahorn

Acer pensylvanicum (Aceraceae)

Dieser Baum mit aufrechten Ästen hat einen breit säulenförmigen Wuchs. Die gegenständigen Blätter sind oben in drei spitze, gezähnte Lappen geteilt. Sie sind oberseits tiefgrün, unterseits heller mit einigen rotbraunen Haaren und färben sich im Herbst gelb. Den hellgrünen Blüten in hängenden Blütenständen folgen Früchte mit bis zu 2,5 cm langen, grünen Flügeln. 'Erythrocladum', eine Sorte, die man manchmal in Gärten sieht, hat eine gelbe Rinde, gelbgrüne Blätter und im Winter kräftig rosafarbene Triebe.

MERKMALE: *Die grüne Rinde mit rotbraunen und weißen senkrechten Streifen färbt sich im Alter grau.*

ANMERKUNG

Diese Art ist eine der Schlangenhaut-Ahorn-Arten, welche vor allem aus Ostasien stammen. Der Streifen-Ahorn ist die einzige Art, die aus Nordamerika stammt.

HÖHE *10 m.*
AUSBREITUNG *8 m.*
RINDE *Grün mit senkrechten Streifen.*
BLÜTEZEIT *Spätes Frühjahr.*
VORKOMMEN *Kultiviert; stammt aus dem Osten Nordamerikas.*
ÄHNLICHE ARTEN *Rotnerviger Ahorn (S. 102) mit bereiften jungen Zweigen, kleineren Blättern mit grob gezähnten Lappen und gelbgrünen Blüten.*

MERKMALE: *Die breiten, kräftig grünen Blätter haben fünf Lappen, die in mehreren Zähnen mit schlanken Spitzen enden.*

Spitz-Ahorn

Acer platanoides (Aceraceae)

Die Zweige dieses großen Baums mit breit säulenförmigem Wuchs enden in roten Knospen. Die großen, gegenständigen Blätter sind in fünf Lappen mit mehreren spitzen Zähnen geteilt. Sie sind oberseits kräftig grün, unterseits heller und glänzend und färben sich im Herbst gelb, orangefarben und rot. Am Blattstiel tritt Milchsaft aus, wenn man ihn durchschneidet. Die kleinen gelben Blüten öffnen sich, bevor die jungen Blätter erscheinen. Ihnen folgen Früchte mit großen Flügeln. Es gibt einige Gartensorten, wie 'Crimson King' mit violettem Laub und 'Drummondii' mit breit cremeweiß gesäumten Blättern.

ANMERKUNG

Dieser Baum wird im Winter oft mit dem Berg-Ahorn verwechselt (rechts). Beide können an den Knospen unterschieden werden. Beim Spitz-Ahorn sind sie rot, beim Berg-Ahorn grün.

HÖHE *25 m.* **AUSBREITUNG** *15 m.*
RINDE *Grau und glatt.*
BLÜTEZEIT *Zeitiges Frühjahr.*
VORKOMMEN *Gebirgswälder in Europa, wird häufig angepflanzt und verwildert.*
ÄHNLICHE ARTEN *Italienischer Ahorn (S. 96) mit bereiften Zweigen; Zucker-Ahorn ohne Milchsaft in den Blattstielen und unterseits blaugrün getönten Blättern; Berg-Ahorn (rechts) mit grünen Knospen.*

Berg-Ahorn

Acer pseudoplatanus (Aceraceae)

Die breite Krone dieses Baums wird im Alter noch ausladender. Die Zweige enden in grünen Knospen. Die Blätter sind in fünf scharf gezähnte Lappen geteilt. Sie sind oberseits dunkelgrün, unterseits blaugrün und färben sich im Herbst gelb. Die gelbgrünen Blüten sitzen in dichten, hängenden Blütenständen, ihnen folgen Früchte mit grünen oder rötlichen Flügeln. Es gibt einige Gartensorten, wie 'Atropurpureum', dessen Blätter unterseits violett sind, 'Brillantissimum' mit rosafarbenen jungen Blättern und 'Erythrocarpum' mit rot geflügelten Früchten.

MERKMALE: *Die gelbgrünen Blüten sitzen an hängenden Blütenständen. Die Blätter sind am Grund herzförmig und in fünf Lappen geteilt.*

ANMERKUNG

Diese Art ähnelt der Platane (Platanus), ist jedoch nicht mit ihr verwandt. Die Blätter sind oft mit einem Pilz, dem Ahorn-Runzelschorf infiziert, der auffällige schwarze Flecken verursacht.

HÖHE *30 m.* **AUSBREITUNG** *20 m.*
RINDE *Rosafarben bis gelblich-grau; schuppt sich im Alter in unregelmäßigen Platten.*
BLÜTEZEIT *Mitte des Frühjahrs.*
VORKOMMEN *Gebirgswälder in Europa; oft gepflanzt und verwildert.*
ÄHNLICHE ARTEN *Schneeballblättriger Ahorn (S. 97), der gelbe Blüten hat. Die Rinde schält sich in rechteckigen Platten; Spitz-Ahorn (links), der rote Knospen hat.*

MERKMALE: *Das leuchtend rote Herbstlaub gab diesem Ahorn seinen Namen.*

Rot-Ahorn

Acer rubrum (Aceraceae)

Die rotbraunen Zweige dieses großen Baums tragen Blätter mit je drei oder fünf gezähnten Lappen. Die Blätter sind oberseits glänzend dunkelgrün, unterseits bläulich weiß. Die roten Blüten stehen in dichten Blütenständen, männliche und weibliche manchmal an verschiedenen Bäumen, und öffnen sich vor den Blättern. Ihnen folgen rot geflügelte Früchte.

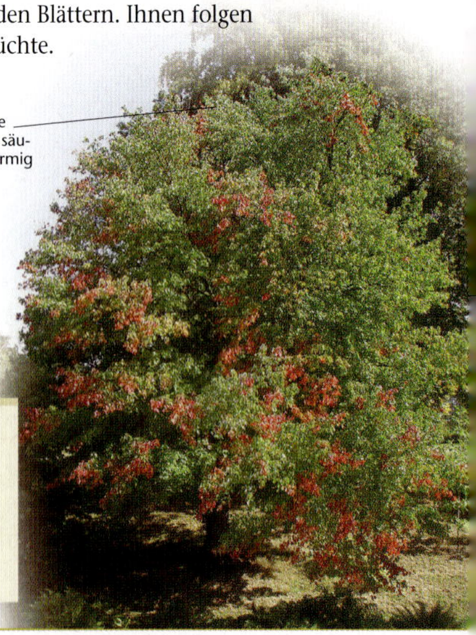

HÖHE *25 m.* **AUSBREITUNG** *15 m.*
RINDE *Dunkelgrau und glatt.*
BLÜTEZEIT *Zeitiges Frühjahr.*
VORKOMMEN *Kultiviert; stammt aus dem Osten Nordamerikas.*
ÄHNLICHE ARTEN *Silber-Ahorn (rechts) mit größeren, tiefer eingeschnittenen Blättern; färben sich im Herbst meist gelb.*

MERKMALE: *Auf der Rinde, die sich im Alter von Grün zu Grau färbt, erscheinen senkrechte weiße Streifen und rautenförmige Zeichnungen.*

Rotnerviger Ahorn

Acer rufinerve (Aceraceae)

Die jungen Zweige und Knospen dieses Baums sind bläulich weiß bereift. Die Blätter sind in drei gezähnte Lappen geteilt. Sie sind oberseits dunkelgrün, unterseits an den Blattadern rotbraun behaart. Die gelbgrünen Blüten erscheinen mit den jungen Blättern, ihnen folgen geflügelte Früchte.

HÖHE *10 m.*
AUSBREITUNG *8 m.*
RINDE *Grün mit langen weißen Streifen, bei alten Bäumen grau und rissig.*
BLÜTEZEIT *Mitte des Frühjahrs.*
VORKOMMEN *Kultiviert; stammt aus Japan.*
ÄHNLICHE ARTEN *Streifen-Ahorn (S. 99) mit ähnlichem Wuchs, aber größeren Blättern.*

Silber-Ahorn

Acer saccharinum (Aceraceae)

Die charakteristischen hellgrünen Blätter mit der silberweißen Unterseite gaben diesem schnellwüchsigen, großen Baum seinen Namen. Die gegenständigen Blätter sind in Lappen geteilt, die Einschnitte reichen über die Blattmitte. Sie färben sich im Herbst gelb. Die gelbgrünen bis rötlichen Blüten öffnen sich vor den Blättern. Ihnen folgen Früchte mit zwei etwa 5 cm langen Flügeln.

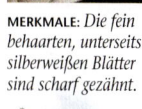

MERKMALE: *Die fein behaarten, unterseits silberweißen Blätter sind scharf gezähnt.*

HÖHE *30 m.* **AUSBREITUNG** *20 m.*
RINDE *Grau und glatt, schuppt sich an alten Bäumen.*
BLÜTEZEIT *Zeitiges Frühjahr.*
VORKOMMEN *Kultiviert; stammt aus dem Osten Nordamerikas.*
ÄHNLICHE ARTEN *Rot-Ahorn (links), kleinere, tief eingeschnittene Blätter, im Herbst rot.*

Zucker-Ahorn

Acer saccharum (Aceraceae)

Aus dem Saft dieses Baums, der aus Nordamerika stammt, wird Ahornsirup hergestellt. Die Blätter sind in fünf Lappen geteilt, die drei größeren tragen wenige Zähne. Sie sind oberseits mattgrün, unterseits hell blaugrün und färben sich im Herbst orangefarben oder rot. Die grünen Blüten öffnen sich an hängenden Blütenständen. Ihnen folgen geflügelte Früchte.

MERKMALE: *Die tiefen Furchen erscheinen im Alter in der graubraunen Rinde, bei jüngeren Bäumen ist sie glatt.*

HÖHE *25 m.* **AUSBREITUNG** *15 m.*
RINDE *Graubraun und glatt, bildet an alten Bäumen Furchen und Schuppen.*
BLÜTEZEIT *Spätes Frühjahr.*
VORKOMMEN *Kultiviert; stammt aus dem Osten Nordamerikas.*
ÄHNLICHE ARTEN *Spitz-Ahorn (S. 100), dessen Blätter unterseits grün sind.*

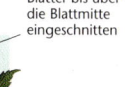

MERKMALE: *Den kleinen, gelbgrünen Blüten folgen geflügelte Früchte.*

Kretischer Ahorn

Acer sempervirens (Aceraceae)

Dieser immergrüne oder fast immergrüne ausladende Baum wächst oft buschförmig. Die gegenständigen, kurz gestielten, ledrigen Blätter sind dreilappig oder ungelappt, oft sind die Ränder gewellt. Sie sind oberseits glänzend dunkelgrün, unterseits heller. Den gelbgrünen Blüten folgen grün oder rötlich geflügelte Früchte.

HÖHE *10 m.*
AUSBREITUNG *10 m.*
RINDE *Dunkelgrau.*
BLÜTEZEIT *Spätes Frühjahr.*
VORKOMMEN *Trockene, steinige Hänge und Gebirge in Griechenland und auf Kreta.*
ÄHNLICHE ARTEN *Felsen-Ahorn (S. 97), dessen Blätter unterseits blaugrün sind.*

MERKMALE: *Die scharf gezähnten Blätter färben sich im Herbst orangefarben oder rot.*

Tataren-Ahorn

Acer tataricum (Aceraceae)

Dieser kleine, ausladende Baum wächst manchmal strauchförmig. Die gegenständigen, hellgrünen Blätter sind ungelappt oder haben am Grund zwei kleine Lappen. Kleine, aufrechte Blütenstände mit weißen oder grünlich weißen Blüten öffnen sich nach den Blättern. Ihnen folgen geflügelte grüne Früchte, die sich erst rot, dann braun färben.

HÖHE *10 m.* **AUSBREITUNG** *10 m.*
RINDE *Graubraun und glatt.*
BLÜTEZEIT *Spätes Frühjahr.*
VORKOMMEN *Wälder und Gebüsche in Südosteuropa und der Türkei.*
ÄHNLICHE ARTEN *Keine – diese Art unterscheidet sich stark von anderen Ahorn-Arten, vor allem durch die weißen, duftenden Blüten.*

Großblättrige Stechpalme

Ilex x *altaclerensis* (Aquifoliaceae)

Dieser immergrüne, breit säulenförmige bis kegelförmige Baum hat längliche bis breit eiförmge Blätter ohne oder mit stacheligen Zähnen an den Spitzen. Sie sind oberseits glänzend dunkelgrün und bei manchen Sorten gescheckt. Die kleinen duftenden, weißen oder violett getönten Blüten stehen in Büscheln, die männlichen und weiblichen an getrennten Pflanzen. Die weiblichen Bäume tragen runde rote Beeren. Beliebte Sorten sind 'Golden King', eine weibliche Sorte mit glänzend grünen, fast stachellosen Blättern, und 'Cameliifolia', ebenfalls weiblich, mit glänzend grünen, fast stachellosen Blättern.

MERKMALE: *Die gelb gefleckten Blätter der weiblichen Sorte 'Lawsoniana' haben fast stachellose Ränder.*

'CAMELLIIFOLIA'

'GOLDEN KING'

HÖHE *15 m.*
AUSBREITUNG *10 m.*
RINDE *Grau und glatt.*
BLÜTEZEIT *Spätes Frühjahr.*
VORKOMMEN *Kultiviert (in Gärten); es gibt zahlreiche Sorten, von denen viele gescheckt sind.*
ÄHNLICHE ARTEN *Gewöhnliche Stechpalme (S. 106), die in freier Natur vorkommt und kleinere, stacheligere Blätter und kleinere Früchte hat.*

ANMERKUNG

Die Hybride zwischen verschiedenen Stechpalmensorten und der Azoren-Stechpalme (S. 107) wurde erstmals in England gezüchtet.

MERKMALE: *Glänzende, meist leuchtend rote Beeren stehen dicht an den Zweigen weiblicher Bäume. Sie können auch gelb oder orangefarben sein.*

Gewöhnliche Stechpalme

Ilex aquifolium (Aquifoliaceae)

Dieser breit säulenförmige bis kegelförmige immergrüne Baum wächst manchmal strauchförmig und hat grüne oder violette Zweige. Die glänzend dunkelgrünen Blätter variieren in der Form von eiförmig bis länglich. Junge Bäume und untere Zweige tragen meist sehr stachelige Blätter, während bei älteren Bäumen und an höheren Zweigen die Blätter glatt sind. Die weißen oder violett getönten männlichen und weiblichen Blüten stehen an verschiedenen Bäumen.

ANMERKUNG

Viele Sorten werden in Gärten gepflanzt, oft mit gescheckten Blättern, wie 'Bacciflava' mit gelben Beeren und stacheligen Blättern und 'Handsworth New Silver' mit roten Beeren, violetten Ästen und Blättern mit cremeweißen Rändern.

HÖHE *20 m.* **AUSBREITUNG** *15 m.*
RINDE *Hellgrau und glatt.*
BLÜTEZEIT *Spätes Frühjahr.*
VORKOMMEN *Wälder und Hecken in Europa.*
ÄHNLICHE ARTEN *Großblättrige Stechpalme (S. 105) mit größeren Blättern und Früchten; Azoren-Stechpalme (rechts), die geflügelte Blattstiele hat und nur auf Madeira und in Unterarten auf den Azoren und den Kanarischen Inseln vorkommt.*

Azoren-Stechpalme

Ilex perado (Aquifoliaceae)

Dieser Baum mit kegelförmiger bis breit säulenförmiger Krone hat wechselständige, dunkelgrüne Blätter mit charakteristisch geflügelten Blattstielen. Den kleinen, weißen Blüten folgen grüne Beeren, die sich rot färben. Die Unterart ssp. *azorica* mit kleineren Blättern kommt auf den Azoren vor, die Unterart ssp. *platyphylla* mit größeren Blättern auf den Kanarischen Inseln.

MERKMALE: *Die Blätter sind ungezähnt oder tragen an der Spitze einige kurze, stachelige Zähne. Die weiblichen Bäume tragen kleine Beeren.*

HÖHE *8 m.*
AUSBREITUNG *6 m.*
RINDE *Grau und glatt.*
BLÜTEZEIT *Spätes Frühjahr.*
VORKOMMEN *Wälder auf Madeira.*
ÄHNLICHE ARTEN *Gewöhnliche Stechpalme (links), die keine geflügelten Blattstiele hat.*

Herzblättrige Erle

Alnus cordata (Betulaceae)

Diese kräftige Erle ist an ihren runden Blättern leicht zu erkennen, die fein gezähnt und am Grund herzförmig sind. Sie sind oberseits glänzend dunkelgrün und glatt, unterseits heller und in den Verzweigungen der Blattadern behaart. Die kleinen Blüten stehen in Kätzchen, bevor die Blätter erscheinen, die männlichen sind gelb und hängend, die weiblichen klein, rot und aufrecht.

MERKMALE: *Die zapfenähnlichen Früchte hängen oft bis ins nächste Jahr am Baum.*

HÖHE *25 m.* **AUSBREITUNG** *12 m.*
RINDE *Grau und glatt, bekommt im Alter flache Risse.*
BLÜTEZEIT *Später Winter bis zeitiges Frühjahr.*
VORKOMMEN *Wälder in den Gebirgen Mittel- und Süditaliens und auf Korsika; häufig angepflanzt.*
ÄHNLICHE ARTEN *Keine.*

MERKMALE: *Die kleinen, grünen Früchte verholzen später, die dunkelbraunen Zapfen hängen den Winter über am Baum.*

Schwarz-Erle

Alnus glutinosa (Betulaceae)

Die Schwarz-Erle ist ein Baum mit kegelförmigem Wuchs, dessen junge Zweige und Blätter leicht klebrig sind. Die dunkelgrünen älteren Blätter sind unterseits heller und bis zu 10 cm lang. Sie sind an der Spitze am breitesten und verschmälern sich am Grund. Die kleinen Blüten stehen in getrennten männlichen und weiblichen Kätzchen. Die männlichen hängen herab, sind gelb und bis zu 10 cm lang. Die aufrechten roten weiblichen sind viel kleiner, nur etwa 5 mm lang.

HÖHE *25 m.*
AUSBREITUNG *12 m.*
RINDE *Dunkelgrau, springt bei alten Bäumen in rechteckige Platten auf.*
BLÜTEZEIT *Zeitiges Frühjahr.*
VORKOMMEN *Flussufer und andere feuchte Stellen in Europa.*
ÄHNLICHE ARTEN *Keine – die Form der Blätter, die an der Spitze am breitesten sind, ist auch für andere Europäische Erlen-Arten* (Alnus) *charakteristisch.*

ANMERKUNG

Dies ist die in Europa häufigste Erlen-Art. 'Imperialis', eine Gartensorte, ist ein kleinerer Baum, dessen Blätter tief eingeschnitten sind. Die Sorte wird häufig in Parks und Gärten als dekorativer Baum gepflanzt.

Grau-Erle

Alnus incana (Betulaceae)

Die Zweige dieses Baums mit breit kegelförmigem Wuchs sind mit grauen Haaren bedeckt. Die wechselständigen Blätter sind dunkelgrün. Die kleinen Blüten stehen in Kätzchen, die männlichen hängen herab und sind gelb, die kleineren weiblichen sind rot und aufrecht. Die zapfenähnlichen Früchte hängen bis zum folgenden Jahr am Baum.

MERKMALE: *Die dunkelgrünen, eiförmigen und am Grund schmal zulaufenden Blätter sind unterseits grau behaart und an den Rändern doppelt gezähnt und leicht gelappt.*

HÖHE *20 m.* **AUSBREITUNG** *12 m.*
RINDE *Dunkelgrau und glatt.*
BLÜTEZEIT *Später Winter bis zeitiges Frühjahr.*
VORKOMMEN *Flussufer und nasse Stellen in den Gebirgen Europas, östlich bis zum Kaukasus.*
ÄHNLICHE ARTEN *Runzelblättrige Erle (unten), die kleiner ist.*

Runzelblättrige Erle

Alnus rugosa (Betulaceae)

Dieser manchmal strauchförmige kleine Baum mit ausladendem Wuchs hat leicht behaarte junge Zweige. Die eiförmigen Blätter sind oberseits dunkelgrün und tief geädert, unterseits grünlich weiß und an den Rändern doppelt gezähnt. Die zapfenähnlichen Früchte sind kurz gestielt und hängen oft den Winter über am Baum.

MERKMALE: *Die männlichen Blütenkätzchen sind gelb und hängen herab, die weiblichen sind klein, rot und aufrecht.*

HÖHE *10 m.* **AUSBREITUNG** *10 m.*
RINDE *Dunkelgrau und glatt.*
BLÜTEZEIT *Zeitiges Frühjahr.*
VORKOMMEN *Kultiviert und in Mitteleuropa manchmal verwildert; stammt aus Kanada und dem Nordosten der USA.*
ÄHNLICHE ARTEN *Grau-Erle (oben), die schärfer gezähnte, unterseits graue Blätter hat.*

Gelb-Birke

Betula alleghaniensis (Betulaceae)

MERKMALE: *Die gelbbraune Rinde schält sich waagrecht in dünnen Streifen.*

Dieser breit säulenförmige bis ausladende Baum hat behaarte junge Zweige. Die wechselständigen, eiförmigen, zugespitzten, fein gezähnten Blätter sind oberseits matt dunkelgrün, unterseits heller und färben sich im Herbst gelb. Die kleinen Blüten stehen in Kätzchen. Die männlichen sind gelb und hängen herab, die weiblichen sind aufrecht und rötlich grün. Die Blütenständen mit kleinen, braunen Früchten sind bis 3 cm lang und brechen auf, wenn sie reif sind.

HÖHE *20 m.* **AUSBREITUNG** *15 m.*
RINDE *Gelbbraun, schält sich in waagrechten Streifen.*
BLÜTEZEIT *Zeitiges Frühjahr.*
VORKOMMEN *Kultiviert; stammt aus dem Nordosten Nordamerikas.*
ÄHNLICHE ARTEN *Zucker-Birke* (Betula lenta), *die aromatisch duftendes Laub hat.*

Ermans Birke

Betula ermanii (Betulaceae)

MERKMALE: *Die cremeweiße Rinde mit waagrechten Lentizellen schält sich in Streifen.*

Die jungen Zweige dieses breit kegelförmgen Baums sind rau mit kleinen, glänzenden Warzen. Die eiförmigen, gezähnten Blätter sind spitz und oberseits glänzend grün. Die gelben männlichen Kätzchen hängen herab, die weiblichen sind grün und aufrecht. Die braunen Fruchtstände brechen auf, wenn sie reif sind.

HÖHE *25 cm.* **AUSBREITUNG** *15 m.*
RINDE *Weiß mit waagrechten Lentizellen, schält sich, darunter creme- bis rosafarben.*
BLÜTEZEIT *Mitte des Frühjahrs.*
VORKOMMEN *Kultiviert; stammt aus Nordostasien und Japan.*
ÄHNLICH *Himalaya-Birke (S. 114) mit schärfer gezähnten Blättern und behaarten Zweigen.*

Schwarz-Birke

Betula nigra (Betulaceae)

MERKMALE: *Die Rinde schält sich in papierartigen Schichten und wird bei alten Bäumen dunkelbraun und gefurcht.*

Dieser Baum ist anfangs kegelförmig, später wird er breit säulenförmig. Die blaugrünen Blätter verschmälern sich am Grund und an der Spitze und haben so eine typische Rautenform. Oberhalb der Mitte sind sie tief doppelt gezähnt. Die weiblichen Kätzchen sind klein, aufrecht und grün, die männlichen sind gelb und hängen herab. Die kleinen, braunen Früchte stehen in aufrechten Fruchtständen, die zerfallen, wenn sie reif sind.

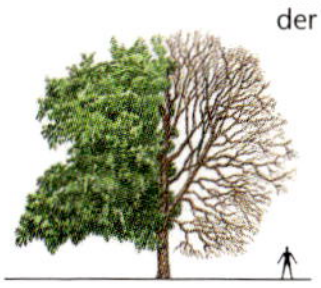

HÖHE *15 m.* **AUSBREITUNG** *15 m.*
RINDE *Cremefarben bis rosa-grau, im Alter braun.*
BLÜTEZEIT *Mitte des Frühjahrs.*
VORKOMMEN *Kultiviert; stammt aus dem Osten Nordamerikas.*
ÄHNLICHE ARTEN *Keine – Rinde und Blätter dieser Art sind sehr charakteristisch.*

Papier-Birke

Betula papyrifera (Betulaceae)

MERKMALE: *Die weiße Rinde schält sich in waagrechten Streifen, die Rinde darunter ist orange- bis rosafarben.*

Die jungen Zweige dieses schnellwüchsigen, kegelförmigen Baums sind warzig und oft behaart. Die matt dunkelgrünen, eiförmigen Blätter sind scharf gezähnt und oben zugespitzt und färben sich im Herbst gelb. Die gelben männlichen Blüten sitzen in hängenden, die grünen weiblichen in aufrechten Kätzchen. Die hängenden braunen Fruchtstände sind bis zu 5 cm lang und brechen auf, wenn sie reif sind.

HÖHE *20 m.* **AUSBREITUNG** *15 m.*
RINDE *Weiß mit waagrechten Lentizellen.*
BLÜTEZEIT *Mitte des Frühjahrs.*
VORKOMMEN *Kultiviert; stammt aus Kanada und dem Norden der USA.*
ÄHNLICHE ARTEN *Hänge-Birke (S. 112) mit schärfer gezähnten Blättern und weißer Rinde mit dunklen Rissen an der Basis.*

MERKMALE: *Die weiße Rinde alter Bäume trägt auffällige dunkle Narben, hat im unteren Teil tiefe Risse und Erhebungen und färbt sich schwärzlich.*

Hänge-Birke

Betula pendula (Betulaceae)

Dieser Baum hat elegante, herabhängende Äste. Die jungen Zweige tragen viele kleine Warzen. Die dunkelgrünen Blätter färben sich im Herbst gelb. Sie sind eiförmig bis dreieckig und haben auffällig doppelt gezähnte Ränder. Die kleinen Blüten stehen in Kätzchen, die männlichen sind gelb und hängen herab, die weiblichen sind grün und erst aufrecht, später hängend. Die braunen Fruchtstände brechen auf, wenn sie reif sind. Einige Sorten werden in Gärten gepflanzt, wie 'Laciniata' mit fein eingeschnittenen Blättern und 'Tristis' mit stark hängenden Ästen.

ANMERKUNG

Die Hänge-Birke ist die einzige Birken-Art mit natürlicherweise herabhängenden Ästen. Sie ist so leicht von anderen Betula*-Arten zu unterscheiden.*

HÖHE *30 m.* **AUSBREITUNG** *20 m.*
RINDE *Weiß, alte Bäume entwickeln an der Basis oft diamantförmige schwarze Narben.*
BLÜTEZEIT *Mitte des Frühjahrs.*
VORKOMMEN *Wälder, Heiden und Gebirge in Europa.*
ÄHNLICHE ARTEN *Moor-Birke (rechts), die zweite in Europa häufige Birken-Art, die behaarte Zweige und Blätter hat. Ihr fehlen dunkle Narben in der Rinde an der Stammbasis; auch alte Bäume bleiben weiß.*

Pappelblättrige Birke

Betula populifolia (Betulaceae)

Dieser kleine, schmal kegelförmige Baum hat unbehaarte, warzige Zweige. Die eiförmigen, scharf gezähnten Blätter sind stark zugespitzt. Die Blüten stehen in Kätzchen, die männlichen sind gelb und hängen herab, die weiblichen sind kleiner, aufrecht und grün. Die Fruchtstände mit kleinen, braunen Früchten brechen auf, wenn sie reif sind.

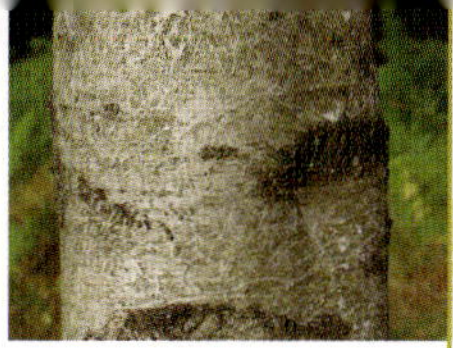

MERKMALE: *Die weiße oder grau-weiße Rinde hat eine schwarze Zeichnung und schält sich nicht.*

HÖHE *10 m.* **AUSBREITUNG** *4 m.*
RINDE *Weiß oder grau-weiß, schält sich nicht.*
BLÜTEZEIT *Mitte des Frühjahrs.*
VORKOMMEN *Kultiviert; stammt aus dem Osten Nordamerikas.*
ÄHNLICHE ARTEN *Hänge-Birke (links), größer, mit schwarzen Narben am Stamm alter Bäume.*

Moor-Birke

Betula pubescens (Betulaceae)

Die jungen Zweige und Blätter der Moor-Birke sind weich behaart. Die breit eiförmigen Blätter haben am Rand einzelne Zähne und färben sich im Herbst gelb. Die kleinen Blüten stehen in Kätzchen, die männlichen sind gelb und hängen herab, die weiblichen sind kleiner, aufrecht und grün. Die bis zu 3 cm langen Fruchtstände brechen auf, wenn sie reif sind.

MERKMALE: *Die weiße Rinde hat an der Basis oft graue oder rosafarbene Risse. Sie bleibt im Alter weiß.*

HÖHE *20 m.* **AUSBREITUNG** *12 m.*
RINDE *Weiß, manchmal mit grauen oder rosafarbenen Rissen an der Basis.*
BLÜTEZEIT *Mitte des Frühjahrs.*
VORKOMMEN *Wälder, Moore und Gebirge in Europa.*
ÄHNLICHE ARTEN *Hänge-Birke (links); warzige, unbehaarte Zweige, Blätter doppelt gezähnt.*

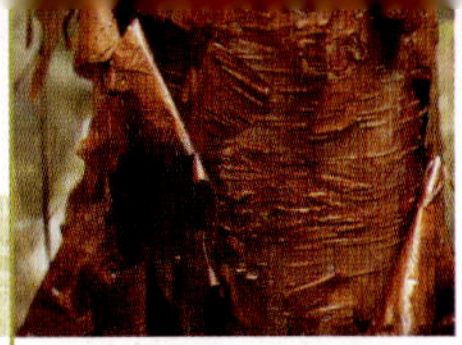

Himalaya-Birke

Betula utilis (Betulaceae)

Dieser Baum mit kegel- bis säulenförmigem Wuchs hat seidig behaarte junge Zweige. Sie sind dunkelgrün, breit eiförmig, scharf gezähnt und laufen spitz zu. Im Herbst färben sie sich gelb. Die kleinen Blüten stehen in Kätzchen. Die männlichen sind gelb und hängen herab, die weiblichen sind kleiner, grün und aufrecht. Die Fruchtstände mit kleinen, braunen Früchten brechen auf, wenn sie reif sind.

MERKMALE: *Diese Birke hat eine dekorative rosa-weiße oder kupferbraune, sich schälende Rinde.*

HÖHE *20 m.* **AUSBREITUNG** *15 m.*
RINDE *Rosa-weiß bis kupferbraun.*
BLÜTEZEIT *Mitte des Frühjahrs.*
VORKOMMEN *Kultiviert; stammt aus dem Himalaya und West-China.*
ÄHNLICHE ARTEN *Ermans Birke (S. 110) mit unbehaarten oder fast unbehaarten Zweigen mit vielen Warzen.*

Gewöhnlicher Trompetenbaum

Catalpa bignonioides (Bignoniaceae)

Dieser ausladende Baum mit kräftigen Zweigen hat große, hellgrüne, breit eiförmige Blätter, die zu dreien an langen Stielen sitzen. Den Blüten an den Enden der Triebe folgen schlanke, bohnenähnliche Hülsen, die von Grün zu Braun reifen und den Winter über am Baum hängen bleiben. 'Aurea' ist eine Sorte mit gelben jungen Blättern.

MERKMALE: *Die glockenförmigen, weißen Blüten tragen violette und gelbe Flecken.*

HÖHE *15 m.* **AUSBREITUNG** *20 m.*
RINDE *Grau und schuppig.*
BLÜTEZEIT *Mitte des Sommers.*
VORKOMMEN *Kultiviert; stammt aus dem Südosten der USA.*
ÄHNLICHE ARTEN *Blauglocken-Baum (S. 205), der gegenständige, dicht mit klebrigen Haaren besetzte Blätter hat.*

Balearen-Buchsbaum

Buxus balearica (Buxaceae)

Dieser immergrüne, kegel- bis säulenförmige Baum wächst vor allem an sehr trockenen Standorten oft langsam und strauchförmig. Die jungen Triebe sind vierkantig, die ledrigen Blätter eiförmig. Die kleinen, grünen Blüten haben keine Blütenblätter. Die männlichen und weiblichen erscheinen an derselben Pflanze, erstere haben auffällige gelbe Staubblätter. Die grünen Früchte tragen an der Spitze drei Hörner.

MERKMALE: *Die männlichen Blüten sind mit ihren gelben Staubblättern sehr auffällig.*

HÖHE *10 m.*
AUSBREITUNG *5 m oder weniger.*
RINDE *Hell graubraun.*
BLÜTEZEIT *Zeitiges Frühjahr.*
VORKOMMEN *Trockene, steinige Hänge in Südspanien, auf den Balearen und Sardinien.*
ÄHNLICHE ARTEN *Europäischer Buchsbaum (unten), kleinere Blätter, weiterverbreitet.*

Europäischer Buchsbaum

Buxus sempervirens (Buxaceae)

Diese immergrüne Pflanze ist eher ein Busch als ein Baum. Die gegenständigen Blätter sind oft blaugrün, wenn sie jung sind. Die Blüten beider Geschlechter stehen getrennt am gleichen Blütenstand, die männlichen haben auffällige gelbe Staubblätter. Die grünen Früchte tragen an der Spitze drei Hörner.

MERKMALE: *Meist ein Busch, v. a. an exponierten Standorten; kann in geschütztem Waldland zum Baum heranwachsen.*

HÖHE *6 m.* **AUSBREITUNG** *5 m.*
RINDE *Grau und glatt, springt bei alten Bäumen in kleine Rechtecke auf.*
BLÜTEZEIT *Zeitiges Frühjahr.*
VORKOMMEN *Gebüsche und Wälder, meist auf basischen Böden, in ganz Europa.*
ÄHNLICHE ARTEN *Balearen-Buchsbaum (oben), der größere Blätter hat.*

MERKMALE: *Die rosafarbenen Früchte öffnen sich, und orangefarbene Samen werden sichtbar.*

Gewöhnliches Pfaffenhütchen

Euonymus europaeus (Celastraceae)

Dieser ausladende Baum oder Strauch hat grüne Zweige mit etwa 5 mm langen Knospen. Die Blätter sind ei- bis lanzenförmig und fein gezähnt. Sie färben sich im Herbst orangerot oder violett. Die grünlich weißen Blüten öffnen sich in kleinen Blütenständen, die männlichen und weiblichen stehen meist getrennt.

HÖHE *6 m.* **AUSBREITUNG** *8 m.*
RINDE *Grau und glatt, im Alter gefurcht.*
BLÜTEZEIT *Spätes Frühjahr bis Frühsommer.*
VORKOMMEN *Gebüsche, Wälder und Hecken in ganz Europa.*
ÄHNLICHE ARTEN *Breitblättriges Pfaffenhütchen (unten), das viel größere Knospen hat.*

MERKMALE: *Die rosafarbenen Früchte mit orangefarbenen Samen öffnen sich, wenn sie reif sind.*

Breitblättriges Pfaffenhütchen

Euonymus latifolius (Celastraceae)

Dieser ausladende Baum oder Strauch hat schlanke Zweige, die in auffallenden schlanken, spitzen Knospen enden. Die bis zu 15 cm langen Blätter sind eiförmig bis länglich und haben fein gezähnte Ränder. Sie färben sich im Herbst rotviolett. Die kleinen, rosafarbenen Blüten stehen in Blütenständen. Die rosafarbenen Früchte tragen vier schmale Flügel.

HÖHE *6 m.*
AUSBREITUNG *8 m.*
RINDE *Grau und glatt.*
BLÜTEZEIT *Spätes Frühjahr bis Frühsommer.*
VORKOMMEN *Wälder und Dickichte in Süd- und Südosteuropa und der Türkei.*
ÄHNLICHE ARTEN *Gewöhnliches Pfaffenhütchen (oben) mit kleineren Knospen.*

Kuchenbaum

Cercidiphyllum japonicum (Cercidiphyllaceae)

Dieser schnellwüchsige Baum hat eine kegelförmige oder rundliche Gestalt. Die blaugrünen Blätter sind gegenständig oder fast gegenständig, an den Rändern fein gezähnt und an der Basis herzförmig. Die herabgefallenen Blätter verströmen einen typischen Geruch nach karamellisiertem Zucker. Die kleinen Blüten ohne Blütenblätter erscheinen früh im Jahr an den kahlen Zweigen, männliche und weibliche an verschiedenen Pflanzen. Den weiblichen folgen kleine grüne, hülsenähnliche Früchte.

MERKMALE: *Die blaugrünen Blätter erscheinen früh im Jahr und färben sich im Herbst gelb, orangefarben und violett.*

ANMERKUNG

Der Name Cercidiphyllum *weist darauf hin, dass die Blätter denen des Judasbaums (S. 147) ähneln.*

HÖHE *20 m.*
AUSBREITUNG *20 m.*
RINDE *Hell graubraun mit flachen Furchen, schuppt sich bei alten Bäumen.*
BLÜTEZEIT *Zeitiges Frühjahr.*
VORKOMMEN *Kultiviert; stammt aus dem Himalaya, China und Japan.*
ÄHNLICHE ARTEN *Gewöhnlicher Judasbaum (S. 147), der wechselständige, nicht gegenständige ungezähnte Blätter hat.*

Blumen-Hartriegel

Cornus florida (Cornaceae)

Die jungen Zweige dieses kleinen Baums sind dicht bläulich weiß bereift. Die kleinen, grünlichen Blüten öffnen sich mit den jungen Blättern. Die Blütenstände sind von vier auffälligen Hochblättern umgeben, die meist weiß, manchmal rosafarben und an der Spitze gekerbt sind. Die eiförmigen Früchte sind glänzend rot. Es gibt Sorten mit hell bis leuchtend rosafarbenen Hochblättern.

MERKMALE: *Die Blätter sind oberseits dunkelgrün, unterseits grünlich weiß und behaart und färben sich im Herbst orangefarben, rot und violett.*

HÖHE *10 m.* **AUSBREITUNG** *10 m.*
RINDE *Dunkel rotbraun, springt bei alten Bäumen in kleine rechteckige Platten auf.*
BLÜTEZEIT *Spätes Frühjahr.*
VORKOMMEN *Kultiviert; stammt aus dem Osten Nordamerikas.*
ÄHNLICH *Japanischer Blumen-Hartriegel (unten); Nuttalls Blumen-Hartriegel (rechts).*

Japanischer Blumen-Hartriegel

Cornus kousa (Cornaceae)

Die Blätter dieses Baums sind gegenständig, eiförmig und haben gewellte Ränder. Unterseits stehen Haarbüschel in den Verzweigungen der Blattadern. Die grünlich weißen Blüten erscheinen nach den Blättern, die Blütenstände sind von vier cremeweißen oder rosafarben getönten Hochblättern umgeben. Die roten Früchte sind erdbeerähnlich.

MERKMALE: *Die fleischigen roten Früchte hängen im Herbst an langen Stielen.*

HÖHE *10 m.* **AUSBREITUNG** *8 m.*
RINDE *Rotbraun, schuppt sich in Flecken.*
BLÜTEZEIT *Frühsommer.*
VORKOMMEN *Kultiviert; stammt aus dem Osten Nordamerikas.*
ÄHNLICHE ARTEN *Blumen-Hartriegel (oben), dessen Früchte nicht fleischig sind;* C. kousa *var.* chinensis *mit größeren Blättern.*

Kornelkirsche

Cornus mas (Cornaceae)

Dieser ausladende Baum oder Strauch hat gegenständige, eiförmige, dunkelgrüne Blätter. Die kleinen Blütenknospen sind im Winter an den Zweigen zu sehen und öffnen sich, bevor die Blätter erscheinen. Die fleischigen, roten Früchte sind essbar. Gartensorten werden manchmal ihrer größeren Früchte oder gescheckten Blätter wegen gepflanzt.

MERKMALE: *Büschel unangenehm riechender kleiner gelber Blüten öffnen sich vor den Blättern.*

HÖHE *10 m.*
AUSBREITUNG *10 m.*
RINDE *Graubraun und schuppig.*
BLÜTEZEIT *Später Winter bis zeitiges Frühjahr.*
VORKOMMEN *Waldränder und Dickichte in Mittel- und Südosteuropa.*
ÄHNLICHE ARTEN *Keine.*

Nuttalls Blumen-Hartriegel

Cornus nuttallii (Cornaceae)

Dieser kegelförmige Baum hat gegenständige, eiförmige Blätter, die sich im Herbst gelb oder rot färben. Die Blüten stehen in dichten Blütenständen, wenn die Blätter erscheinen. Sie sind von sechs (manchmal vier oder acht) großen, cremeweißen oder rosafarbenen Hochblättern umgeben. Der Blütenstand kann bis 15 cm Durchmesser haben. Die eiförmigen roten Früchte sind bis zu 1,5 cm lang.

MERKMALE: *Die Blütenstände sind von meist sechs auffälligen Hochblättern umgeben.*

HÖHE *15 m.* **AUSBREITUNG** *10 m.*
RINDE *Grau und glatt.*
BLÜTEZEIT *Spätes Frühjahr.*
VORKOMMEN *Kultiviert; stammt aus dem Westen Nordamerikas.*
ÄHNLICHE ARTEN *Blumen-Hartriegel (links), der kleiner ist und Blütenstände mit nur vier gekerbten Hochblättern hat.*

Taschentuch-Baum

Davidia involucrata (Cornaceae)

An den auffallenden weißen Hochblättern, die die kleinen Blüten umgeben, ist dieser breit kegelförmige Baum leicht zu erkennen. Mit seinen großen roten Knospen ist er auch im Winter auffällig. Die kräftigen Zweige tragen herzförmige Blätter, die oberseits dunkelgrün und unterseits mit weißen Haaren bedeckt sind. Die runden, grünen Früchte reifen violett.

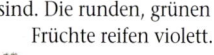

MERKMALE: *Die Blütenstände sind von zwei auffälligen weißen Hochblättern umgeben.*

HÖHE *15 m.*
AUSBREITUNG *10 m.*
RINDE *Orangebraun, schält sich bei alten Bäumen in kleinen Schuppen.*
BLÜTEZEIT *Spätes Frühjahr.*
VORKOMMEN *Kultiviert; stammt aus China.*
ÄHNLICHE ARTEN *Keine – kein anderer Baum hat ähnliche Merkmale.*

Wald-Tupelobaum

Nyssa sylvatica (Cornaceae)

Dieser Baum hat einen breit kegelförmigen bis säulenförmigen Wuchs und schlanke, ausladende Zweige. Die glatten, ungezähnten, dunkelgrünen Blätter sind variabel geformt und stehen in Büscheln an den Zweigen. Die Blüten öffnen sich in kleinen, runden Blütenständen an schlanken Stielen. Die beerenähnlichen, eiförmigen, schwarzblauen Früchte reifen im Herbst.

MERKMALE: *Mit seinen leuchtend roten oder gelben Blättern ist dieser Baum im Herbst sehr attraktiv.*

HÖHE *20 m.*
AUSBREITUNG *15 m.*
RINDE *Dunkel graubraun, bei älteren Bäumen tief gefurcht.*
BLÜTEZEIT *Frühjahr.*
VORKOMMEN *Kultiviert; stammt aus dem Osten Nordamerikas.*
ÄHNLICHE ARTEN *Keine.*

Gewöhnliche Hainbuche

Carpinus betulus (Betulaceae)

Dieser Baum ist kegelförmig, wenn er jung ist, später entwickelt er eine rundere Gestalt. Die schlanken Zweige hängen an den Spitzen oft herab. Die eiförmigen bis länglichen Blätter haben auffallende Adern und sind an den Rändern scharf gezähnt. Oberseits sind sie dunkelgrün, unterseits heller. Die kleinen Blüten sitzen in hängenden Kätzchen. Die männlichen sind gelbbraun, die weiblichen grün und kürzer. Die Früchte in hängenden Fruchtständen reifen von Grün zu Gelbbraun und sind unter auffälligen Hochblättern mit je drei Lappen verborgen.

MERKMALE: *Im Sommer hängen die Fruchtstände mit ihren auffälligen dreilappigen Hochblättern am Baum.*

HÖHE *30 m.* **AUSBREITUNG** *25 m.*
RINDE *Hellgrau und glatt, bei alten Bäumen gestreift.*
BLÜTEZEIT *Zeitiges Frühjahr.*
VORKOMMEN *In Laubwäldern und Hecken in ganz Europa häufig.*
ÄHNLICHE ARTEN *Orientalische Hainbuche (S. 122), die zweite in Europa einheimische* Carpinus*-Art; kleiner, oft strauchförmig; Gewöhnliche Hopfenbuche (S. 124), die eine rauere Rinde und hopfenähnliche Früchte hat.*

ANMERKUNG

Eine Hainbuche ohne Früchte kann man an ihrem gestreiften Stamm erkennen. Wenn sie in Hecken gepflanzt wird, ist sie an ihren doppelt gezähnten Blättern zu erkennen, die an den Adern gefaltet sind.

MERKMALE: *Die glatte, violettgraue Rinde wird im Alter gestreift.*

Orientalische Hainbuche

Carpinus orientalis (Betulaceae)

Diese Art wächst oft strauchförmig und bildet Dickichte. Die Blätter sind wechselständig und scharf gezähnt. Die kleinen Blüten sitzen in hängenden Kätzchen, wenn die jungen Blätter erscheinen. Die männlichen sind gelbbraun und bis zu 5 cm lang, die weiblichen kürzer und grün. Die Früchte in hängenden Fruchtständen sind kleine Nüsse, die unter scharf gezähnten Hochblättern verborgen sind.

HÖHE *20 m.* **AUSBREITUNG** *15 m.*
RINDE *Violettgrau, glatt.*
BLÜTEZEIT *Zeitiges Frühjahr.*
VORKOMMEN *Laubwälder und Dickichte von Südosteuropa bis zum Kaukasus.*
ÄHNLICHE ARTEN *Gewöhnliche Hainbuche (S. 121), höher, mit größeren Blättern und dreilappigen Hochblättern.*

MERKMALE: *Die hellgelben Kätzchen mit den männlichen Blüten hängen von den kahlen Zweigen.*

Gewöhnliche Hasel

Corylus avellana (Betulaceae)

Dieser ausladende Baum wächst oft strauchförmig und bildet Gebüsche. Er hat meist mehrere Stämme. Die herzförmigen, behaarten, dunkelgrünen Blätter färben sich im Herbst gelb. Die männlichen Blüten erscheinen, bevor sich die Blätter öffnen. Die weiblichen Blüten sind winzig, nur die roten Narben fallen auf. Die essbaren Haselnüsse sind teilweise in gelappten grünen Fruchtbechern eingeschlossen.

HÖHE *10 m.* **AUSBREITUNG** *10 m.*
RINDE *Graubraun, schält sich in Streifen.*
BLÜTEZEIT *Später Winter bis zeitiges Frühjahr.*
VORKOMMEN *Wälder, Waldränder und Dickichte in ganz Europa.*
ÄHNLICH *Große Hasel (rechts) mit Früchten mit röhrenförmigen Bechern; Baum-Hasel (rechts) mit gezähnten, gelappten Bechern.*

Baum-Hasel

Corylus colurna (Betulaceae)

Die jungen Zweige dieses Baums mit kompakter, kegelförmiger Krone sind mit klebrigen Haaren bedeckt. Bevor sich die breit eiförmigen Blätter öffnen, hängen die männlichen Blüten in gelben Kätzchen von den Zweigen. Die weiblichen Blüten sind klein, nur die roten Narben sind auffällig. Die essbaren Nüsse sind in hellgrünen, spitz gelappten Fruchtbechern eingeschlossen.

MERKMALE: *Die Blätter sind an der Basis herzförmig; die Früchte sitzen zwischen tief gelappten Hochblättern.*

HÖHE *25 m.* **AUSBREITUNG** *15 m.*
RINDE *Graubraun, schuppt sich in kleinen Platten.*
BLÜTEZEIT *Später Winter bis zeitiges Frühjahr.*
VORKOMMEN *Wälder in Südosteuropa; wird häufig in Parks und Straßen gepflanzt.*
ÄHNLICHE ARTEN *Gewöhnliche Hasel (links) und Große Hasel (unten), die meist kleiner sind.*

Große Hasel

Corylus maxima (Betulaceae)

Die Große Hasel wächst meist mehrstämmig und oft strauchförmig. Sie hat wechselständige, dunkelgrüne Blätter, die sich im Herbst gelb färben. Die männlichen Blüten öffnen sich in hellgelben, hängenden Kätzchen vor den Blättern. Die weiblichen Blüten sind klein, nur die roten Narben fallen auf. Die essbaren Früchte sind in röhrenförmigen, hellgrünen Fruchtbechern eingeschlossen.

MERKMALE: *Die herzförmigen Blätter haben doppelt gezähnte Ränder und sitzen an behaarten Stielen.*

HÖHE *10 m.* **AUSBREITUNG** *10 m.*
RINDE *Graubraun.*
BLÜTEZEIT *Später Winter bis zeitiges Frühjahr.*
VORKOMMEN *Wälder und Dickichte in Südosteuropa; der essbaren Nüsse wegen angepflanzt.*
ÄHNLICH *Gewöhnliche Hasel (links), kürzerer Becher, der die Nuss nicht verbirgt.*

MERKMALE: *Die attraktiven, hopfenähnlichen Fruchtstände, die sich aus aufgeblasenen, cremeweißen Hüllen zusammensetzen, reifen im Sommer.*

Gewöhnliche Hopfenbuche

Ostrya carpinifolia (Corylaceae)

Ein charakteristisches Merkmal dieses Baums sind seine hopfenähnlichen Fruchtstände. Sie haben cremeweiße Hüllen, die die kleinen Nüsse völlig einschließen. Die eiförmigen Blätter, die an den Rändern fein gezähnt sind, enden in kurzen Spitzen. Sie sind oberseits matt dunkelgrün, unterseits heller. Die kleinen männlichen und weiblichen Blüten stehen in getrennten Kätzchen. Die männlichen hängen herab und sind gelb, die weiblichen sind kürzer und grün.

ANMERKUNG

Dieser Baum ist nach seinen hopfenähnlichen Fruchtständen benannt. Die Blätter und Zweige ähneln hingegen denen der Gewöhnlichen Hainbuche (S. 121).

HÖHE *20 m.*
AUSBREITUNG *15 m.*
RINDE *Bei jungen Bäumen graubraun und glatt, schält sich bei älteren Bäumen.*
BLÜTEZEIT *Frühjahr.*
VORKOMMEN *Laubwälder in Südeuropa.*
ÄHNLICHE ARTEN *Gewöhnliche Hainbuche (S. 121) mit glatter Rinde und Nüssen mit dreilappigen Hochblättern.*

Kakipflaume

Diospyros kaki (Ebenaceae)

Dieser Baum hat eine ausladende bis säulenförmige Krone. Die Blätter sind eiförmig und zugespitzt mit ungezähntem Rand und färben sich im Herbst orangefarben oder rot. Die glockenförmigen, gelben Blüten haben vier Blütenblattlappen, die an der Frucht erhalten bleiben. Männliche und weibliche Blüten stehen an verschiedenen Bäumen, die männlichen in kleinen Blütenständen, die weiblichen einzeln.

MERKMALE: *Die saftigen, tomatenähnlichen, essbaren Früchte sind gelb bis orangerot.*

HÖHE *14 m.* **AUSBREITUNG** *12 m.*
RINDE *Grau und schuppig, im Alter gefurcht.*
BLÜTEZEIT *Sommer.*
VORKOMMEN *Wird ihrer essbaren Früchte wegen angepflanzt, v. a. in warmen Gegenden; stammt aus China.*
ÄHNLICHE ARTEN *Lotuspflaume (unten), ein größerer Baum mit kleineren Früchten.*

Lotuspflaume

Diospyros lotus (Ebenaceae)

Dieser Baum mit ausladender bis säulenförmiger Krone hat ungezähnte, glänzend dunkelgrüne Blätter, die lanzen- oder eiförmig und zugespitzt sind. Die glockenförmigen rosa- bis orangefarbenen Blüten sind vierlappig. Männliche und weibliche Blüten stehen an verschiedenen Bäumen, die männlichen in kleinen Blütenständen, die weiblichen einzeln. Die runden, essbaren Früchte reifen von Grün zu Orangegelb oder Blauschwarz.

MERKMALE: *Die anfangs glatte graue Rinde wird im Alter dunkel und springt in rechteckige Platten auf.*

HÖHE *20 m.* **AUSBREITUNG** *15 m.*
RINDE *Grau und glatt, wird im Alter dunkel und springt in rechteckige Platten auf.*
BLÜTEZEIT *Sommer.*
VORKOMMEN *Kultiviert, in Südeuropa manchmal verwildert; stammt aus der Türkei, Südwestasien und dem Nordiran.*
ÄHNLICHE ARTEN *Kakipflaume (oben).*

Schmalblättrige Ölweide

Elaeagnus angustifolia (Elaeagnaceae)

MERKMALE: *Die raue rotbraune Rinde wird im Alter gefurcht und schält sich.*

Dieser breit kegelförmige bis ausladende Baum hat stachelige Zweige, die mit silbrigen Schuppen bedeckt sind. Die weidenähnlichen Blätter sind schmal länglich bis lanzenförmig und oberseits dunkelgrün, unterseits silbrig und schuppig. Duftende, glockenförmige, gelbe Blüten öffnen sich in den Achseln der jungen Blätter. Die eiförmigen gelben oder rötlichen Früchte sind essbar.

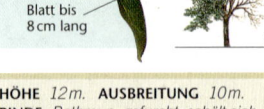

HÖHE *12 m.* **AUSBREITUNG** *10 m.*
RINDE *Rotbraun, gefurcht, schält sich.*
BLÜTEZEIT *Spätes Frühjahr bis Frühsommer.*
VORKOMMEN *Kultiviert, oft verwildert; stammt aus West- und Mittelasien.*
ÄHNLICHE ARTEN *Gewöhnlicher Sanddorn (unten) mit kleineren Blättern und runden, orangefarbenen Früchten.*

Gewöhnlicher Sanddorn

Hippophae rhamnoides (Elaeagnaceae)

MERKMALE: *Die leuchtend orangefarbenen Früchte stehen dicht an den Zweigen.*

Dieser Busch oder kleine Baum bildet Dickichte. Er hat dornige Zweige und breitet sich mit Ausläufern aus. Die schlanken, linealen ungezähnten Blätter sind auf beiden Seiten mit silbrigen Schuppen bedeckt. Die kleinen, gelben Blüten öffnen sich in Büscheln, bevor die Blätter erscheinen, die männlichen und weiblichen stehen an verschiedenen Pflanzen. Diese Art wird gepflanzt, um Sanddünen zu stabilisieren.

HÖHE *Bis zu 10 m.*
AUSBREITUNG *Weniger als 6 m.*
RINDE *Braun bis fast schwarz, mit senkrechten Furchen.*
BLÜTEZEIT *Frühjahr.*
VORKOMMEN *Küstenregionen, sandige Böden und Flussufer in Nord- und Mitteleuropa.*
ÄHNLICH *Schmalblättrige Ölweide (oben).*

Östlicher Erdbeerbaum

Arbutus andrachne (Ericaceae)

Dieser immergrüne Baum wächst manchmal strauchförmig, die jungen Zweige sind glatt und rot. Die eiförmigen bis länglichen ledrigen Blätter sind meist ungezähnt. Die kleinen, glockenförmigen, weißen Blüten stehen in aufrechten Blütenständen. Die Früchte mit etwa 1 cm Durchmesser sind klein, rund, orangerot und fast glatt.

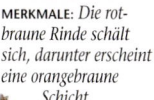

MERKMALE: *Die rotbraune Rinde schält sich, darunter erscheint eine orangebraune Schicht.*

HÖHE *10 m.* **AUSBREITUNG** *10 m.*
RINDE *Rotbraun, schält sich in Streifen.*
BLÜTEZEIT *Zeitiges Frühjahr.*
VORKOMMEN *Wälder, Dickichte und steinige Hänge in Südosteuropa.*
ÄHNLICHE ARTEN *Bastard-Erdbeerbaum (unten) mit gezähnten Blättern; Westlicher Erdbeerbaum (S. 128), Rinde schält sich nicht.*

Bastard-Erdbeerbaum

Arbutus x *andrachnoides* (Ericaceae)

Diese natürlich auftretende Hybridform zwischen dem Westlichen Erdbeerbaum (S. 128) und dem Östlichen Erdbeerbaum (oben) hat rote junge Triebe mit einigen klebrigen Haaren. Die eiförmigen, glänzend dunkelgrünen Blätter sind fein gezähnt. Die kleinen, glockenförmigen, weißen Blüten stehen an nickenden Blütenständen. Die orangeroten, runden Früchte sind etwa 1,5 cm breit und warzig.

MERKMALE: *Die rotbraune Rinde schält sich im Alter in dünnen senkrechten Streifen.*

HÖHE *10 m.* **AUSBREITUNG** *10 m.*
RINDE *Rotbraun, schält sich in Streifen.*
BLÜTEZEIT *Frühjahr oder Herbst.*
VORKOMMEN *Wälder, Dickichte und steinige Hänge, wo die Elternarten zusammen vorkommen; stammt aus Südosteuropa.*
ÄHNLICHE ARTEN *Westlicher Erdbeerbaum (S. 128), Östlicher Erdbeerbaum (oben).*

MERKMALE: *Die hängenden, warzigen Früchte ähneln kleinen Erdbeeren.*

Westlicher Erdbeerbaum

Arbutus unedo (Ericaceae)

Dieser ausladende, immergrüne Baum hat klebrig behaarte junge Zweige. Die wechselständigen, eiförmigen Blätter sind glänzend dunkelgrün mit ungezähnten Rändern. Die kleinen, glockenförmigen, weißen oder seltener rosafarbenen Blüten hängen in Blütenständen an den Enden der Zweige, wenn die Früchte des vergangenen Jahres reifen. Die sehr charakteristische erdbeerähnliche Frucht, die dem Baum seinen Namen gab, reift von Grün über Gelb zu Rot. Anders als viele Arten der Familie wächst diese Art oft auf alkalischen Böden. Manche Formen haben ungezähnte Blätter.

HÖHE *10 m.*
AUSBREITUNG *10 m.*
RINDE *Rotbraun, rau, schuppig, schält sich jedoch nicht.*
BLÜTEZEIT *Herbst.*
VORKOMMEN *Dickichte und Wälder an steinigen Standorten im Mittelmeergebiet und Südwestirland; beliebter Zierbaum in Gärten.*
ÄHNLICHE ARTEN *Östlicher Erdbeerbaum (S. 127), der ungezähnte Blätter hat; Bastard-Erdbeerbaum (S. 127), der gezähnte Blätter hat.*

ANMERKUNG

»Unedo« bedeutet wörtlich »ich esse eine« und verweist darauf, dass die Frucht essbar ist, obwohl sie nicht gut schmeckt.

Baum-Heide

Erica arborea (Ericaceae)

Dieser immergrüne Baum mit aufrechtem bis ausladendem Wuchs hat meist mehrere Stämme und wächst oft strauchförmig. Die schlanken, nadelförmigen bis 5 mm langen Blätter stehen dicht in Quirlen zu dreien oder vieren an den aufrechten, behaarten Zweigen. Die kleinen, kurz gestielten Blüten duften nach Honig und sitzen an kurzen Seitentrieben. Sie sind weiß und welken braun. Die Früchte sind klein, braun und trocken und enthalten viele kleine Samen. Einige Formen werden in Gärten gepflanzt, so die Strauchform *E. arborea* var. *alpina*, die harte Fröste erträgt.

MERKMALE: *Die duftenden, glockenförmigen, weißen Blüten sind etwa 3 mm lang. Sie stehen dicht an kurzen Seitentrieben und bilden so lange, schlanke Blütenstände.*

ANMERKUNG

Das Holz der Wurzeln dieses Baums wird in Südeuropa traditionellerweise verwendet, um daraus Tabakspfeifen zu fertigen.

HÖHE *6 m oder höher.*
AUSBREITUNG *4 m.*
RINDE *Graubraun, schält sich in senkrechten Streifen.*
BLÜTEZEIT *Zeitiges Frühjahr bis Mitte des Frühjahrs.*
VORKOMMEN *Dickichte und Gebirgshänge in Südeuropa.*
ÄHNLICHE ARTEN *Die strauchförmige Lusitanische Heide* (E. lusitanica) *ist ähnlich, die Blüten haben jedoch rote Narben; die Spanische Heide* (E. australis) *hat violette Blüten.*

Edel-Kastanie

Castanea sativa (Fagaceae)

Dieser Baum wurde von den Römern weit über sein ursprüngliches südeuropäisches Verbreitungsgebiet hinaus gepflanzt. Er ist groß und kräftig und hat eine säulenförmige Krone. Die wechselständigen, länglichen Blätter laufen spitz zu und sind gezähnt. Sie sind glänzend dunkelgrün und färben sich im Herbst gelb. Die Blüten stehen in langen, schlanken, aufrechten Blütenständen. Die hellgrünen Fruchtschalen, die dicht mit spitzen Stacheln besetzt sind, schließen drei glänzend braune, essbare Nüsse ein.

MERKMALE: *Die schlanken, cremeweißen Blütenstände erscheinen im Sommer am Baum. In Parks und Gärten bietet er so einen auffälligen Anblick.*

ANMERKUNG

Eine Ziersorte dieses Baums ist 'Albomarginata' mit Blättern mit cremeweißen Rändern; andere Sorten werden meist ihrer schmackhaften Früchte wegen gepflanzt.

HÖHE *30 m.* **AUSBREITUNG** *20 m.*
RINDE *Grau und glatt, bei älteren Bäumen braun mit spiraligen Furchen.*
BLÜTEZEIT *Mitte des Sommers.*
VORKOMMEN *Wälder mit sauren Böden in Südeuropa; wird häufig gepflanzt und verwildert oft.*
ÄHNLICHE ARTEN *Gewöhnliche Rosskastanie (S. 65), die auf den ersten Blick ähnliche Früchte, aber größere Blütenstände und gegenständige Blätter hat.*

Orient-Buche

Fagus orientalis (Fagaceae)

Diese Buche ist kegelförmig, wenn sie jung ist, und wird später breit säulenförmig bis ausladend. Die wechselständigen, dunkelgrünen Blätter sind über der Mitte am breitesten und haben bis zu zwölf Paare von Adern. Die männlichen und weiblichen Blüten stehen getrennt. Die männlichen sind auffälliger und stehen in runden, hellgelben Köpfchen. Die Frucht ist eine verholzte Buchecker.

MERKMALE: *Die dunkelgrünen Blätter mit gewellten Rändern sind seidig, wenn sie jung sind.*

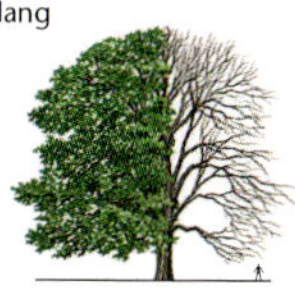

HÖHE *30 m.*
AUSBREITUNG *20 m.*
RINDE *Hellgrau und glatt, manchmal gefurcht.*
BLÜTEZEIT *Mitte des Frühjahrs.*
VORKOMMEN *Wälder in Südosteuropa.*
ÄHNLICHE ARTEN *Rot-Buche (unten), die kleinere Blätter hat.*

Rot-Buche

Fagus sylvatica (Fagaceae)

Die Zweige dieses Baums tragen lange, schlank zugespitzte Knospen. Er hat wechselständige, dunkelgrüne Blätter mit gewellten Rändern, die oberhalb der Mitte am breitesten sind. Die kleinen männlichen und weiblichen Blüten stehen in getrennten Blütenständen. Die auffälligeren männlichen sitzen an hängenden, rundlichen, hellgelben Köpfchen. Die Frucht ist eine verholzte Buchecker mit ein oder zwei essbaren Nüssen.

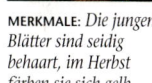

MERKMALE: *Die jungen Blätter sind seidig behaart, im Herbst färben sie sich gelb.*

HÖHE *30 m.*
AUSBREITUNG *20 m.*
RINDE *Hellgrau und glatt.*
BLÜTEZEIT *Mitte des Frühjahrs.*
VORKOMMEN *In Waldland auf alkalischen und durchlässigen Böden in ganz Europa.*
ÄHNLICHE ARTEN *Orient-Buche (oben), die größere Blätter hat.*

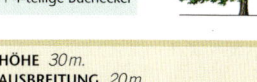

MERKMALE: *Die fein gezähnten Blätter sind durch ihre zahlreichen parallelen Adern charakteristisch.*

Rauli-Scheinbuche

Nothofagus alpina (Fagaceae)

Dieser Baum hat eine breit säulenförmige Krone und schlanke Zweige, die behaart sind, wenn sie jung sind. Die matt dunkelgrünen Blätter sind unterseits heller. Jedes hat bis zu 18 Paare paralleler Adern und ist auf beiden Seiten behaart. Die Blüten sind klein und grünlich, die männlichen und weiblichen stehen in getrennten Blütenständen. Der grüne, bis zu 1 cm lange Fruchtbecher, der braun reift und mit klebrigen Stacheln besetzt ist, enthält drei kleine Nüsse.

HÖHE *25 m.* **AUSBREITUNG** *15 m.*
RINDE *Graugrün und dunkelgrau, bei alten Bäumen mit Rissen.*
BLÜTEZEIT *Spätes Frühjahr.*
VORKOMMEN *Kultiviert; stammt aus Chile und Argentinien.*
ÄHNLICHE ARTEN *Pellin-Scheinbuche (unten), die weniger Blattadern hat.*

MERKMALE: *Die junge Rinde ist grau und glatt, später bekommt sie Furchen und schuppt sich.*

Pellin-Scheinbuche

Nothofagus obliqua (Fagaceae)

Dieser Baum mit schlanken Zweigen ist anfangs kegelförmig, später wird er breit säulenförmig. Die gezähnten, oben dunkelgrünen Blätter sind unterseits blaugrün und färben sich im Herbst gelb. Sie haben bis zu zehn Paare von Adern. Die unscheinbaren männlichen und weiblichen Blüten stehen in getrennten Fruchtständen. Die Frucht hat einen schuppigen Fruchtbecher und enthält drei kleine Nüsse.

HÖHE *30 m.* **AUSBREITUNG** *20 m.*
RINDE *Anfangs grau und glatt, später gefurcht.*
BLÜTEZEIT *Mitte des Frühjahrs.*
VORKOMMEN *Kultiviert; stammt aus Chile und Argentinien.*
ÄHNLICHE ARTEN *Rauli-Scheinbuche (oben), die größere Blätter mit zahlreicheren Adern hat.*

Algerische Eiche

Quercus canariensis (Fagaceae)

Dieser halb immergrüne Baum mit breit säulenförmiger Krone behält zumindest einige seiner Blätter bis zum Frühjahr. Die großen Blätter, die über der Mitte am breitesten sind, sitzen an bis zu 2,5 cm langen Stielen und haben Lappen, die zur Spitze hin kleiner werden. Sie sind oberseits dunkelgrün, unterseits blaugrün mit lockeren weißen Haaren, die leicht abzureiben sind. Nur einige Blätter färben sich im Herbst gelb oder gelbbraun. Die Blüten stehen in Kätzchen, die männlichen sind gelbgrün und hängen herab, die weiblichen sind unauffällig. Die kurz gestielten Eicheln stehen in behaarten Bechern und reifen im ersten Jahr.

MERKMALE: *Knospen mit an den Rändern weiß behaarten Schuppen sitzen an den Triebspitzen.*

ANMERKUNG

Obwohl man wegen ihres lateinischen Namens annehmen könnte, diese Eiche stamme von den Kanarischen Inseln, handelt es sich um eine nordamerikanische Art.

HÖHE *25 m.*
AUSBREITUNG *15 m.*
RINDE *Dunkelgrau und dick, mit tiefen Furchen.*
BLÜTEZEIT *Spätes Frühjahr.*
VORKOMMEN *Wälder, v. a. an Berghängen, in Südspanien und Portugal.*
ÄHNLICHE ARTEN *Normalerweise sehr charakteristisch, kann in Gärten jedoch mit ihren Hybridformen mit der Stiel-Eiche (S. 141) und der Trauben-Eiche (S. 139) verwechselt werden.*

MERKMALE: *Die Fruchtbecher sind dicht mit stachelähnlichen Schuppen bedeckt und schließen die halbe Frucht ein, die im zweiten Jahr reift.*

Zerr-Eiche

Quercus cerris (Fagaceae)

Die behaarten Zweige dieses großen, kräftigen Baums tragen Blattknospen, die von charakteristischen langen, gefiederten Nebenblättern umgeben sind. Die wechselständigen Blätter sind im Umriss variabel, gezähnt und tief gelappt. Oberseits sind sie dunkelgrün und leicht rau, unterseits blaugrün und behaart, vor allem die jungen Blätter. Die Blüten stehen in Kätzchen, die männlichen sind gelbgrün und hängen herab, die weiblichen sind unauffällig.

HÖHE *35 m.*
AUSBREITUNG *25 m.*
RINDE *Graubraun, tief gefurcht.*
BLÜTEZEIT *Frühsommer.*
VORKOMMEN *Wälder in Süd- und Mitteleuropa; wird oft gepflanzt und verwildert.*
ÄHNLICHE ARTEN *Lucombe-Eiche (S. 136), die halb immergrün ist.*

MERKMALE: *Steife, stachelige Schuppen bedecken den Becher, in dem die Eichel sitzt.*

Kermes-Eiche

Quercus coccifera (Fagaceae)

Dieser immergrüne, buschige Strauch oder breit säulenförmige Baum hat ledrige Blätter mit spitzen Stacheln. Diese Eichenart ist sehr charakteristisch, wird jedoch oft mit einer Stechpalme verwechselt. Die Blätter sind bronzefarben, wenn sie jung sind und färben sich später glänzend dunkelgrün. Die Blüten stehen in Kätzchen, die männlichen sind gelbbraun und hängen herab, die weiblichen sind unauffällig. Die Eicheln reifen im zweiten Jahr.

HÖHE *10 m.* **AUSBREITUNG** *6 m.*
RINDE *Dunkelgrau, bei jungen Bäumen glatt, bekommt später Risse und schuppt sich.*
BLÜTEZEIT *Frühsommer.*
VORKOMMEN *Trockene, steinige Standorte im Mittelmeergebiet.*
ÄHNLICHE ARTEN *Keine – die Blätter ähneln jedoch denen der Stechpalme.*

Scharlach-Eiche

Quercus coccinea (Fagaceae)

Dieser ausladende Baum hat glatte Zweige. Die wechselständigen Blätter sind gezähnt und tief gelappt, jeder Lappen endet in einer Spitze. Unterseits stehen in den Verzweigungen der Blattadern kleine Haarbüschel. Die Blüten sitzen in Kätzchen. Die männlichen sind gelbgrün und hängen herab, die weiblichen sind unauffällig. Die Eicheln sind halb in einem glänzenden Becher eingeschlossen und reifen im zweiten Jahr.

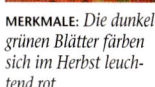

MERKMALE: *Die dunkelgrünen Blätter färben sich im Herbst leuchtend rot.*

HÖHE *25 m.* **AUSBREITUNG** *25 m.*
RINDE *Dunkelgrau und glatt, später gefurcht.*
BLÜTEZEIT *Spätes Frühjahr.*
VORKOMMEN *Kultiviert; stammt aus dem Osten Nordamerikas.*
ÄHNLICHE ARTEN *Sumpf-Eiche (S. 138), auffälligere Haarbüschel unten an Blättern; Rot-Eiche (S. 142) mit matten Blättern.*

Portugiesische Eiche

Quercus faginea (Fagaceae)

Diese halb immergrüne Eiche wächst manchmal niedrig und strauchförmig. Die Blätter sind oberseits glänzend dunkelgrün, unterseits anfangs behaart, später glatt und blaugrün. Die Blüten stehen in Kätzchen, die männlichen sind gelbgrün und hängen herab, die weiblichen sind unauffällig. Die Eicheln reifen im ersten Jahr. Es gibt einige Unterarten: ssp. *broteroi* hat größere Blätter, die dicht behaart bleiben.

MERKMALE: *Die ledrigen dunkelgrünen Blätter haben gerundete oder spitze Zähne.*

HÖHE *20 m.* **AUSBREITUNG** *15 m.*
RINDE *Dunkelgrau, wird im Alter schuppig.*
BLÜTEZEIT *Spätes Frühjahr.*
VORKOMMEN *Wälder und Flusstäler in Südwestspanien und Südportugal.*
ÄHNLICHE ARTEN *Algerische Eiche (S. 133), an den Blattunterseiten mit Haaren, die leicht abzureiben sind.*

MERKMALE: *Die tief gelappten Blätter stehen in Büscheln und färben sich im Herbst gelbbraun.*

Ungarische Eiche

Quercus frainetto (Fagaceae)

Diese Eiche hat kräftige, leicht behaarte Zweige. Die Blätter sind stumpf gelappt, die größeren Lappen sind manchmal gekerbt. Sie sind oberseits dunkelgrün, unterseits graugrün. Die Blüten stehen in Kätzchen. Die männlichen sind gelbgrün und hängen herab, die weiblichen sind unauffällig. Die kurz gestielten Eicheln reifen im ersten Jahr.

HÖHE *30 m.*
AUSBREITUNG *25 m.*
RINDE *Dunkelgrau, rau und tief gefurcht.*
BLÜTEZEIT *Spätes Frühjahr.*
VORKOMMEN *Waldland in Südosteuropa.*
ÄHNLICHE ARTEN *Keine – die großen, tief gelappten Blätter sind sehr charakteristisch.*

MERKMALE: *Die graubraune Rinde ist manchmal korkig, ein Merkmal, das von der Kork-Eiche stammt.*

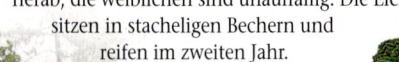

Lucombe-Eiche

Quercus x *hispanica* (Fagaceae)

Diese Eiche ist eine Hybridform zwischen der Zerr-Eiche (S. 134) und der Kork-Eiche (S. 143). Die Blätter sind in Form und Größe sehr variabel und spitz gezähnt. Sie sind oberseits glänzend dunkelgrün, unterseits hellgrau behaart. Die männlichen Blütenkätzchen sind gelbgrün und hängen herab, die weiblichen sind unauffällig. Die Eicheln sitzen in stacheligen Bechern und reifen im zweiten Jahr.

HÖHE *30 m.* **AUSBREITUNG** *30 m.*
RINDE *Graubraun, gefurcht, manchmal korkig.*
BLÜTEZEIT *Spätes Frühjahr.*
VORKOMMEN *Waldland, meist gemeinsam mit den Elternarten; häufig kultiviert; stammt aus Südeuropa.*
ÄHNLICHE ARTEN *Zerr-Eiche (S. 134), Kork-Eiche (S. 143).*

Stein-Eiche

Quercus ilex (Fagaceae)

Die jungen Zweige dieses großen, immergrünen Baums sind dicht mit grauweißen Haaren bedeckt. Die elliptischen bis schmal eiförmigen, ledrigen Blätter sind oberseits glänzend dunkelgrün, unterseits dicht mit grauen Haaren bedeckt und können gezähnt oder ungezähnt sein. Bei jungen Bäumen sind sie in der Form variabel und haben einen stacheligen Rand. Junge Bäume und Zweige an der Basis alter Bäume haben oft scharf gezähnte Blätter, ähnlich denen der Stechpalme (*Ilex*), die unterseits grün sind. Die Blüten stehen in Kätzchen. Die männlichen sind gelbgrün und hängen herab, die weiblichen sind klein und unauffällig. Die Eicheln sind zu einem Drittel im Becher verborgen und reifen im ersten Jahr.

MERKMALE: *Die hängenden Kätzchen erscheinen mit den grauen jungen Blättern, der Baum fällt so im Frühsommer auf.*

HÖHE *30 m.* **AUSBREITUNG** *30 m.*
RINDE *Fast schwarz, springt im Alter in kleine Vierecke auf.*
BLÜTEZEIT *Frühsommer.*
VORKOMMEN *Wälder und Hänge an Küsten im Mittelmeergebiet; wird häufig gepflanzt und verwildert manchmal.*
ÄHNLICHE ARTEN Quercus rotundifolia *(S. 142), die rundere, blaugrüne Blätter und größere, essbare Eicheln hat; Kork-Eiche (S. 143), die eine korkige Rinde hat.*

ANMERKUNG

In den meisten Gegenden ist diese Art die häufigste kultivierte immergrüne Eiche. In ihrem Ursprungsgebiet kommt sie oft in Küstengebieten vor. In warmen Regionen Mitteleuropas, etwa in Südengland, ist sie verwildert.

Valonea-Eiche

Quercus macrolepis (Fagaceae)

Die jungen Zweige dieser Eiche sind dicht mit weißen Haaren bedeckt. Die Blätter mit großen Zähnen, die in stacheligen Spitzen enden, sind auf beiden Seiten behaart, wenn sie jung sind, später jedoch nur auf der Unterseite. Die Blüten stehen in Kätzchen. Die männlichen sind gelbgrün und hängen herab, die weiblichen sind unauffällig. Die Eicheln reifen im zweiten Jahr.

MERKMALE: *Dichte Schuppen bedecken den Becher, in dem die Eichel sitzt.*

HÖHE *15 m.*
AUSBREITUNG *12 m.*
RINDE *Dunkelgrau, im Alter tief gefurcht und aufgesprungen.*
BLÜTEZEIT *Spätes Frühjahr.*
VORKOMMEN *Waldland in Südosteuropa.*
ÄHNLICHE ARTEN *Zerr-Eiche (S. 134), die keine Stachelspitzen an den Blättern hat.*

Sumpf-Eiche

Quercus palustris (Fagaceae)

Diese Eiche mit breit kegelförmigem Wuchs hat charakteristisch herabhängende untere Zweige. Die glänzend grünen Blätter haben Zähne mit Stachelspitzen und unterseits in den Verzweigungen der Adern Haarbüschel. Die Blüten stehen in Kätzchen. Die männlichen sind gelbgrün und hängen herab, die weiblichen sind unauffällig. Die Eicheln reifen im zweiten Jahr.

MERKMALE: *Die tief gelappten Blätter glänzen auf beiden Seiten und färben sich im Herbst rot.*

HÖHE *30 m.* **AUSBREITUNG** *25 m.*
RINDE *Grau und glatt.*
BLÜTEZEIT *Spätes Frühjahr.*
VORKOMMEN *Kultiviert; stammt aus dem Osten Nordamerikas.*
ÄHNLICHE ARTEN *Scharlach-Eiche (S. 135) ohne Haarbüschel; Rot-Eiche (S. 142) mit mattgrünen Blättern.*

Trauben-Eiche

Quercus petraea (Fagaceae)

Die Trauben-Eiche ist ein großer Baum mit ausladender Krone und glatten jungen Zweigen. Die Blätter haben Blattstiele, die 1 cm lang oder länger sind, und gerundete, ungezähnte Lappen. Sie sind oberseits dunkel, unterseits dünn behaart. Die männlichen und weiblichen Blüten stehen in getrennten Kätzchen. Die männlichen sind gelbgrün, bis zu 8 cm lang und hängen herab, die weiblichen sind unauffällig. Die ungestielten oder sehr kurz gestielten Eicheln sind etwa zu einem Drittel im Becher verborgen. Diese Art ist weitverbreitet und variabel, es gibt zahlreiche Gartensorten.

MERKMALE: *In der grauen Rinde alter Bäume entwickeln sich tiefe senkrechte Furchen.*

HÖHE *40 m.*
AUSBREITUNG *25 m.*
RINDE *Grau, bei alten Bäumen mit senkrechten Furchen.*
BLÜTEZEIT *Spätes Frühjahr.*
VORKOMMEN *Waldland in ganz Europa.*
ÄHNLICHE ARTEN *Stiel-Eiche (S. 141), die Blätter mit sehr kurzen Stielen, aber lang gestielte Eicheln hat. Andere Laub abwerfende Eichenarten haben meist behaarte Zweige und oft stärker behaarte Blätter.*

ANMERKUNG

Wo diese Art in der Nähe der Stiel-Eiche (S. 141) wächst, hybridisiert sie zu Q. × rosacea, die Merkmale beider Arten vermischen sich.

MERKMALE: *Weiche Haare bedecken die jungen Blätter und Zweige, die Blätter werden später fast glatt.*

Adriatische Flaumeiche

Quercus pubescens (Fagaceae)

Diese variable und weit verbreitete Eiche hat einen ausladenden Wuchs und behaarte junge Zweige. Die Blätter haben bis zu acht gerundete bis spitze Lappen auf jeder Seite und sind ober- und unterseits weich behaart, wenn sie jung sind. Die männlichen Blütenkätzchen sind gelbgrün und hängen herab, die weiblichen sind unauffällig. Die kurz gestielten Eicheln reifen im ersten Jahr.

HÖHE *20 m.* **AUSBREITUNG** *15 m.*
RINDE *Dunkelgrau, gefurcht, aufgesprungen.*
BLÜTEZEIT *Spätes Frühjahr.*
VORKOMMEN *Trockene, sonnige Hänge in Süd- und Mitteleuropa.*
ÄHNLICHE ARTEN *Trauben-Eiche (S. 139), die glatte Zweige hat; Pyrenäen-Eiche (unten), die oberseits glatte Blätter hat.*

MERKMALE: *Die kurz gestielten Eicheln in schuppigen Bechern reifen im ersten Jahr.*

Pyrenäen-Eiche

Quercus pyrenaica (Fagaceae)

Dieser Baum hat eine breit säulenförmige Krone und weich behaarte Zweige. Die auf jeder Seite tief in bis zu acht Lappen eingeschnittenen Blätter sind über der Mitte am breitesten. Sie erscheinen spät, werden glänzend dunkelgrün und sind unterseits mit weißen Haaren bedeckt. Die männlichen Blütenkätzchen sind gelbgrün, die weiblichen unauffällig.

HÖHE *20 m.*
AUSBREITUNG *15 m.*
RINDE *Grau mit Rissen.*
BLÜTEZEIT *Frühsommer.*
VORKOMMEN *Wälder und Gebirge in Südwesteuropa.*
ÄHNLICHE ARTEN *Adriatische Flaumeiche (oben), die weniger tief gelappte Blätter hat.*

Stiel-Eiche

Quercus robur (Fagaceae)

Die Stiel-Eiche ist ein ausladender Baum mit glatten Zweigen. Die glatten Blätter sind oberhalb der Mitte am breitesten. Sie sind sehr kurz gestielt und haben auf jeder Seite fünf bis sieben Lappen. Oberseits sind sie dunkelgrün, unterseits blaugrün. Wo der Stiel am Blattgrund ansetzt, ist die Spreite leicht aufgebogen. Die Blüten stehen in Kätzchen. Die männlichen sind gelbgrün und hängen herab, die weiblichen sind unauffällig. In Gärten werden einige Sorten gepflanzt, wie 'Fastigiata', die schmal säulenförmig mit aufrechten Zweigen ist, und 'Pendula' mit herabhängenden Zweigen.

MERKMALE: *Die lang gestielten Eicheln sitzen in schuppigen Bechern. Sie sind anfangs grün und manchmal dunkel gestreift und reifen im zweiten Jahr.*

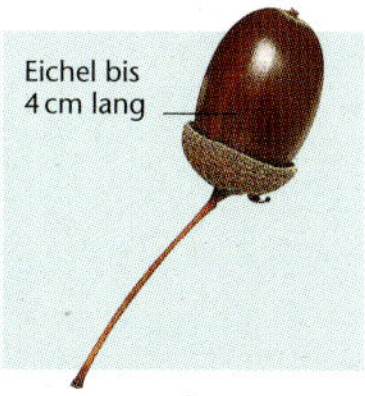

HÖHE *35 m.*
AUSBREITUNG *30 m.*
RINDE *Grau mit senkrechten Furchen.*
BLÜTEZEIT *Spätes Frühjahr.*
VORKOMMEN *Wälder in ganz Europa, in Westeuropa und Großbritannien besonders häufig.*
ÄHNLICHE ARTEN *Trauben-Eiche (S. 139), die lang gestielte Blätter und ungestielte Eicheln hat.*

ANMERKUNG

Die Stiel-Eiche ist in vielen Teilen Europas die häufigste Eichen-Art, im Süden ist sie seltener. Sie wird bis zu 1000 Jahre alt. Das Holz wird für Weinfässer verwendet.

MERKMALE: *Die Blätter sind unterseits mit weißen Haaren bedeckt, die Blüten sitzen in hängenden Kätzchen.*

Quercus rotundifolia

Quercus rotundifolia (Fagaceae)

Dieser immergrüne, ausladende Baum ist nah mit der Stein-Eiche (S. 137) verwandt. Die wechselständigen, ledrigen Blätter haben bei jungen Bäumen stachelige Zähne, werden aber eiförmig und stachellos, wenn der Baum älter wird. Die männlichen Blüten sitzen in hängenden, gelbgrünen Kätzchen, die weiblichen sind unauffällig. Die großen Eicheln sind süß und essbar und reifen im ersten Jahr. Die Schweine, die den bekannten Iberischen Schinken liefern, werden mit diesen Eicheln gefüttert.

HÖHE *15 m.* **AUSBREITUNG** *15 m.*
RINDE *Dunkelgrau mit kleinen, viereckigen Platten.* **BLÜTEZEIT** *Spätes Frühjahr.*
VORKOMMEN *Ebenen und Hügelland in Spanien, Portugal und Südfrankreich.*
ÄHNLICHE ARTEN *Stein-Eiche (S. 137) mit kleineren, bitteren Eicheln; Kork-Eiche (rechts).*

MERKMALE: *Trotz ihres Namens färben sich die Blätter der Rot-Eiche im Herbst oft gelb oder braun.*

Rot-Eiche

Quercus rubra (Fagaceae)

Dieser Laub abwerfende Baum hat glatte, rötliche Zweige. Die Blätter sind unterseits blaugrün, oberseits matt dunkelgrün; sie tragen Lappen mit Stachelspitzen. Der Blattstiel ist an der Basis rot. Die Blüten stehen in Kätzchen, die männlichen sind gelbgrün und hängen herab, die weiblichen sind unauffällig. Die Eicheln, die im zweiten Jahr reifen, sind nur an der Basis in einem flachen Becher eingeschlossen.

HÖHE *25 m.* **AUSBREITUNG** *20 m.*
RINDE *Hellgrau und glatt, später gefurcht.*
BLÜTEZEIT *Spätes Frühjahr.*
VORKOMMEN *Kultiviert; stammt aus dem Osten Nordamerikas.*
ÄHNLICHE ARTEN *Scharlach-Eiche (S. 135) und Sumpf-Eiche (S. 138), beide mit unterseits glänzend grünen Blättern.*

Kork-Eiche

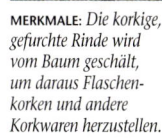

Quercus suber (Fagaceae)

Die Zweige dieses immergrünen Baums hängen an den Spitzen oft herab. Die blaugrünen, eiförmigen Blätter haben gewellte Ränder mit flachen Zähnen und sind unterseits mit weißen Haaren bedeckt. Die männlichen Blütenkätzchen sind gelbgrün und hängen herab, die weiblichen sind unauffällig. Die Eicheln reifen im ersten Jahr, bei manchen Bäumen, die im Herbst blühen, im zweiten Jahr.

MERKMALE: *Die korkige, gefurchte Rinde wird vom Baum geschält, um daraus Flaschenkorken und andere Korkwaren herzustellen.*

HÖHE *20 m.* **AUSBREITUNG** *20 m.*
RINDE *Hellgrau, dick und korkig.*
BLÜTEZEIT *Spätes Frühjahr.*
VORKOMMEN *Wälder; wird im westlichen Mittelmeergebiet zur Korkproduktion gepflanzt.*
ÄHNLICHE ARTEN *Stein-Eiche (S. 137) und* Quercus rotundifolia *(links), beide mit weniger korkiger Rinde.*

Mazedonische Eiche

Quercus trojana (Fagaceae)

Dieser Laub abwerfende oder halb immergrüne Baum ist aufrecht, wenn er jung ist, und behält seine kurz gestielten Blätter bis spät im Jahr. Die männlichen Blütenkätzchen sind gelbgrün und hängen herab, die weiblichen sind unauffällig. Die Eicheln sitzen in Bechern, die an den Rändern stachelige Schuppen tragen. Sie reifen im zweiten Jahr.

MERKMALE: *Die eiförmigen bis länglichen grünen bis graugrünen Blätter haben bis zu zwölf spitze Zähne.*

HÖHE *20 m.*
AUSBREITUNG *15 m.*
RINDE *Graubraun, bei alten Bäumen mit Furchen.*
BLÜTEZEIT *Spätes Frühjahr.*
VORKOMMEN *Wälder in Südostitalien, auf dem Balkan, in der westlichen Türkei.*
ÄHNLICHE ARTEN *Keine.*

Färber-Eiche

Quercus velutina (Fagaceae)

MERKMALE: *Die dunkelgraue Rinde wird im Alter gefurcht, die orangefarbene innere Schicht wird sichtbar.*

Die jungen Triebe und Winterknospen dieses Baums sind mit braunen Haaren bedeckt, wie die Unterseiten junger Blätter. Die eiförmigen bis elliptischen Blätter sind glänzend dunkelgrün mit spitzen Lappen. Die Blüten stehen in Blütenständen, die männlichen sind gelbgrün und hängen herab, die weiblichen sind unauffällig. Die Eicheln reifen im zweiten Jahr.

HÖHE *25 m.*
AUSBREITUNG *20 m.*
RINDE *Dunkelgrau, glatt, im Alter gefurcht.*
BLÜTEZEIT *Spätes Frühjahr.*
VORKOMMEN *Kultiviert; stammt aus dem Osten Nordamerikas.*
ÄHNLICHE ARTEN *Rot-Eiche (S. 142), die blaugrüne Blattunterseiten hat.*

Amerikanischer Amberbaum

Liquidambar styraciflua (Hamamelidaceae)

MERKMALE: *Die gezähnten, fünflappigen, lang gestielten Blätter werden oft für Ahornblätter gehalten.*

Die Zweige dieses kegelförmigen Baums haben oft korkige Erhebungen. Die wechselständigen, gezähnten Blätter sind oberseits glänzend grün und färben sich im Herbst orangefarben, rot und violett. Die kleinen gelbgrünen männlichen und weiblichen Blüten öffnen sich in getrennten Blütenständen. Die Früchte in runden Fruchtständen tragen Stachelspitzen.

HÖHE *25 m.* **AUSBREITUNG** *15 m.*
RINDE *Grau und glatt, wird im Alter gefurcht und schuppig.*
BLÜTEZEIT *Spätes Frühjahr.*
VORKOMMEN *Kultiviert; stammt aus Nordamerika, Mexiko und Zentralamerika.*
ÄHNLICHE ARTEN *Ahorn-Arten (Acer) mit gegenständigen Blättern.*

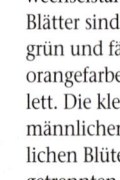

Parrotie

Parrotia persica (Hamamelidaceae)

Dieser ausladende Baum hat meist weit unten am Stamm Äste. Die Blätter mit gewellten Rändern sind im oberen Teil am breitesten und oben leicht gezähnt. Die Blätter, die oft bronzefarbene Ränder haben, wenn sie jung sind, färben sich im Herbst gelb, orangefarben, rot und violett. Die Blütenstände mit kleinen, blütenblattlosen Blüten fallen durch die roten Staubblätter auf. Ihnen folgen kleine, braune Früchte.

MERKMALE: *Die sich schuppende Rinde mit ihren hell gelbbraunen Flecken wirkt attraktiv.*

HÖHE *15 m.* **AUSBREITUNG** *15 m.*
RINDE *Graubraun, schuppt sich bei älteren Bäumen.*
BLÜTEZEIT *Später Winter.*
VORKOMMEN *Kultiviert; stammt aus dem Kaukasus und dem Nordiran.*
ÄHNLICHE ARTEN *Keine – Rinde, Blätter und Blüten sind sehr charakteristisch.*

Kanarischer Lorbeerbaum

Laurus azorica (Lauraceae)

Dieser immergrüne Baum ähnelt dem viel weiterverbreiteten Lorbeerbaum (S. 146). Die breit eiförmigen, ledrigen Blätter sind unterseits behaart, wenn sie jung sind, und riechen aromatisch, wenn man sie zerreibt. Die kleinen, grünlich gelben Blüten stehen in Blütenständen in den Blattachseln, die männlichen und weiblichen an verschiedenen Pflanzen. Die männlichen Blüten mit zahlreichen Staubblättern sind auffälliger. Die weiblichen Pflanzen bringen schwarze Früchte hervor.

MERKMALE: *Die glatte, graubraune Rinde ist mit kleinen Lentizellen leicht aufgeraut.*

HÖHE *20 m.*
AUSBREITUNG *10 m.*
RINDE *Glatt und dunkelgrau.*
BLÜTEZEIT *Spätes Frühjahr.*
VORKOMMEN *Kultiviert; stammt von den Azoren und Kanarischen Inseln.*
ÄHNLICHE ARTEN *Lorbeerbaum (S. 146), der kleinere Blätter und glatte Zweige hat.*

MERKMALE: *Die grünlich gelben Blüten stehen in Büscheln in den Blattachseln.*

Lorbeerbaum

Laurus nobilis (Lauraceae)

Dieser immergrüne Baum wächst oft strauchförmig und bildet an der Basis viele Triebe aus. Die glatten, eiförmigen bis länglichen aromatischen Blätter haben oft gewellte Ränder und verschmälern sich zum Blattgrund. Männliche und weibliche Blüten stehen an getrennten Pflanzen. Die weiblichen Pflanzen tragen fleischige, beerenähnliche Früchte, die von Grün zu Schwarz reifen. Die Blätter werden in der Küche verwendet.

HÖHE *20 m.* **AUSBREITUNG** *10 m.*
RINDE *Dunkelgrau und glatt.*
BLÜTEZEIT *Frühjahr.*
VORKOMMEN *Gehölze im Mittelmeergebiet; häufig kultiviert.*
ÄHNLICHE ARTEN *Kanarischer Lorbeerbaum (S. 145), der größere Blätter und behaarte Zweige hat.*

MERKMALE: *Die violettrosa Blüten erscheinen vor den Blättern an den kahlen Zweigen.*

Kanadischer Judasbaum

Cercis canadensis (Leguminosae/Fabaceae)

Dieser ausladende Baum hat meist weit unten am Stamm Äste. Die Blätter sind an der Basis herzförmig und haben eine kurze Spitze. Wenn sie jung sind, sind sie bronzefarben, später färben sie sich dunkelgrün und im Herbst oft gelb. Die kleinen Blüten sind etwa 1 cm lang, die Frucht ist eine flache Hülse.

HÖHE *10 m.* **AUSBREITUNG** *10 m.*
RINDE *Dunkel graubraun, springt im Alter in schuppige Platten auf.*
BLÜTEZEIT *Frühsommer.*
VORKOMMEN *Kultiviert (wird in Parks und Gärten gepflanzt); stammt aus dem Osten Nordamerikas.*
ÄHNLICH *Gewöhnlicher Judasbaum (rechts).*

Gewöhnlicher Judasbaum

Cercis siliquastrum (Leguminosae/Fabaceae)

Dieser ausladende Baum hat mehrere Hauptäste. Die wechselständigen, runden Blätter tragen manchmal kurze Spitzen. Die Blätter sind oberseits blaugrün, unterseits heller und auf beiden Seiten glatt. Die Blüten können große Blütenstände bilden. Die Frucht ist eine hängende, flache Hülse, die von Grün zu Rosafarben und Braun reift.

MERKMALE: *Rosafarbene Schmetterlingsblüten öffnen sich in großen Blütenständen vor oder mit den Blättern.*

HÖHE *10 m.* **AUSBREITUNG** *10 m.*
RINDE *Graubraun, springt im Alter in kleine, eckige Platten auf.*
BLÜTEZEIT *Frühjahr.*
VORKOMMEN *Trockene, steinige Hänge im östlichen Mittelmeergebiet.*
ÄHNLICHE ARTEN *Kanadischer Judasbaum (links), dunkelgrüne Blätter, kleinere Blüten.*

Ätna-Ginster

Genista aetnensis (Leguminosae/Fabaceae)

Dieser ausladende Baum oder manchmal Strauch hat schlanke, herabhängende, grüne Zweige. Die kleinen, schmalen Blätter sind unauffällig und meist bereits abgefallen, wenn dieser Ginster blüht. Die Frucht ist eine dunkelbraune, 1 cm lange Hülse, die in einer kleinen Spitze endet.

MERKMALE: *Die goldgelben, duftenden Schmetterlingsblüten sitzen einzeln an den jungen Trieben.*

HÖHE *10 m.*
AUSBREITUNG *10 m.*
RINDE *Graubraun, an der Basis tief gefurcht.*
BLÜTEZEIT *Mitte des Sommers bis Spätsommer.*
VORKOMMEN *Trockene, steinige Hänge auf Sardinien und Sizilien.*
ÄHNLICHE ARTEN *Keine.*

Amerikanischer Tulpenbaum

Liriodendron tulipifera (Magnoliaceae)

Dieser schnellwüchsige, große Baum hat eine breit säulenförmige Krone und grüne Zweige, die glatt oder fast glatt sind. Die wechselständigen Blätter haben vier spitze Lappen und sind an der Spitze charakteristisch gekerbt. Sie sind oberseits glänzend dunkelgrün, unterseits blaugrün und färben sich im Herbst orangefarben und gelb. Die Blüten haben neun Blütenblätter, von denen die äußeren drei waagrecht abstehen. Die kolbenförmigen, hellbraunen Fruchtstände bestehen aus vielen Früchten mit papierartigen Flügeln, die oft den Winter über am Baum bestehen bleiben.

MERKMALE: *Die becherförmigen Blüten, die sich einzeln an den Enden der Zweige öffnen, sind grün mit orangefarbenen Bändern.*

ANMERKUNG

Dieser Baum hat ein sehr schönes Holz, aus dem Möbel und andere Holzgegenstände hergestellt werden.

HÖHE *30 m.*
AUSBREITUNG *20 m.*
RINDE *Graubraun, im Alter tief gefurcht.*
BLÜTEZEIT *Frühsommer.*
VORKOMMEN *Kultiviert; stammt aus dem Osten Nordamerikas.*
ÄHNLICHE ARTEN L. chinense, *den man seltener sieht, mit tiefer eingeschnittenen Blättern.*

Blaue Gurken-Magnolie

Magnolia acuminata (Magnoliaceae)

Dieser kräftige Baum hat eine breit kegelförmige Krone und gedrungene Zweige. Die großen, eiförmigen Blätter sind ungezähnt zugespitzt. Sie sind oberseits mittel- bis dunkelgrün, unterseits heller und behaart. Die kleinen Blüten haben neun Blütenblätter und sind blau- bis gelbgrün. Die gurkenförmigen Früchte reifen von Grün zu Rosafarben und Tiefrot.

MERKMALE: *Die becherförmigen Blüten stehen einzeln zwischen den Blättern an den Enden der Triebe.*

Breit kegelförmiger Wuchs

Blatt bis 25 cm lang

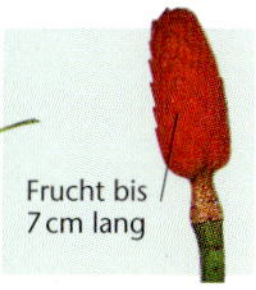

Frucht bis 7 cm lang

HÖHE *30 m.* **AUSBREITUNG** *20 m.*
RINDE *Graubraun, mit schuppigen Erhebungen.*
BLÜTEZEIT *Frühsommer.*
VORKOMMEN *Kultiviert; stammt aus dem Osten Nordamerikas.*
ÄHNLICHE ARTEN *Keine – die kleinen Blüten sind unter Magnolien einzigartig.*

Campbells Himalaya-Magnolie

Magnolia campbellii (Magnoliaceae)

Dieser Baum mit seinen blaugrünen Zweigen hat eiförmige, ungezähnte Blätter mit kurzen Spitzen. Sie sind jung bronzefarben und färben sich oberseits dunkelgrün, unterseits heller. Die Blüten mit 16 Blütenblättern erscheinen vor den Blättern. Es folgen rote, bis zu 15 cm lange Fruchtstände.

MERKMALE: *Die auffälligen Blüten mit bis zu 30 cm Durchmesser sind rosafarben und weiß schattiert und duften leicht.*

Kegelförmiger Wuchs

Blatt 25 cm lang oder länger

HÖHE *20 m.*
AUSBREITUNG *15 m.*
RINDE *Grau und glatt.*
BLÜTEZEIT *Später Winter bis zeitiges Frühjahr.*
VORKOMMEN *Kultiviert; stammt aus dem Himalaya und Südwestchina.*
ÄHNLICHE ARTEN *Keine – die Größe in Verbindung mit den Blüten ist charakteristisch.*

MERKMALE: *Die zapfenähnliche Frucht ist mit grünen Schuppen und braunen Haaren bedeckt. Sie enthält rote Samen, wenn sie reif ist.*

Immergrüne Magnolie

Magnolia grandiflora (Magnoliaceae)

Die kräftigen Triebe dieses kegelförmigen, immergrünen Baums sind mit braunen Haaren bedeckt. Die elliptischen bis eiförmigen, ledrigen, dunkelgrünen Blätter sind unterseits heller und manchmal dunkelbraun behaart. Die großen, duftenden, cremeweißen Blüten öffnen sich einzeln an den Enden der Zweige.

HÖHE *15 m.* **AUSBREITUNG** *10 m.*
RINDE *Dunkelgrau, glatt, bei alten Bäumen schuppig.*
BLÜTEZEIT *Sommer.*
VORKOMMEN *Kultiviert; stammt aus dem Südosten der USA.*
ÄHNLICHE ARTEN *Keine, da diese Art die einzige immergrüne Magnolie ist.*

MERKMALE: *Die dunkelgrünen Blätter sind unterseits heller, die Knospen sind seidig behaart.*

Kobushi-Magnolie

Magnolia kobus (Magnoliaceae)

Die jungen Triebe dieser Laub abwerfenden Magnolie duften, wenn man sie anritzt. Die Blätter sind über der Mitte am breitesten und laufen zum Blattgrund schmal zu. Die leicht duftenden cremeweißen oder rosafarbenen Blüten haben sechs große Blütenblätter und drei kleinere an der Basis, die sich vor den Blättern öffnen. Die Frucht ist zylinderförmig und rot und bis zu 10 cm lang.

HÖHE *12 m.* **AUSBREITUNG** *15 m.*
RINDE *Grau und glatt.*
BLÜTEZEIT *Zeitiges Frühjahr.*
VORKOMMEN *Kultiviert; stammt aus Japan und Südkorea.*
ÄHNLICHE ARTEN Magnolia × loebneri, *deren Blüten zahlreichere weiße oder rosa Blütenblätter haben.*

Honoki-Magnolie

Magnolia obovata (Magnoliaceae)

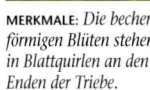

Die großen, tiefgrünen Blätter dieses Baums sind über der Mitte am breitesten und stehen in Quirlen an den Spitzen der Triebe. Die stark duftenden Blüten mit neun bis elf dicken Blütenblättern sind cremeweiß mit leuchtend roten Staubblättern, ihnen folgen rote, bis 20 cm lange Früchte.

MERKMALE: *Die becherförmigen Blüten stehen in Blattquirlen an den Enden der Triebe.*

HÖHE *15 m.*
AUSBREITUNG *12 m.*
RINDE *Grau und glatt.*
BLÜTEZEIT *Frühsommer.*
VORKOMMEN *Kultiviert; stammt aus Japan.*
ÄHNLICHE ARTEN *Nur einige Arten, die man selten sieht, wie* M. macrophylla, M. officinlis *und* M. × wieseneri.

Tulpen-Magnolie

Magnolia x *soulangeana* (Magnoliaceae)

Diese Hybridform zwischen *Magnolia denudata* und *M. liliiflora* ist ein ausladender Baum oder großer Strauch. Die wechselständigen, dunkelgrünen Blätter sind im oberen Teil am breitesten und enden in kurzen Spitzen. Die Blüten haben neun cremeweiße, rosa getönte Blütenblätter. Die zylinderförmigen Früchte reifen von Grün nach Rosa.

MERKMALE: *Die kelchförmigen Blüten variieren in der Färbung von Cremeweiß zu Rosafarben oder Violettrosa.*

HÖHE *10 m.*
AUSBREITUNG *10 m.*
RINDE *Grau und glatt.*
BLÜTEZEIT *Frühjahr und Frühsommer.*
VORKOMMEN *Nur als Kultursorte bekannt.*
ÄHNLICHE ARTEN *Keine – die üppigen rosaweißen Blüten und der halb strauchförmige Wuchs sind charakteristisch.*

MERKMALE: *Die Blätter sind oberseits rau und unterseits weich grau behaart.*

Papier-Maulbeere

Broussonetia papyrifera (Moraceae)

Dieser Baum hat stachelige Zweige und eiförmige, gezähnte Blätter. Sie können tief gelappt oder ungelappt sein. Oft sind sie violett getönt, wenn sie jung sind, und färben sich später dunkelgrün. Die männlichen und weiblichen Blüten stehen an verschiedenen Pflanzen, die weißen männlichen in Kätzchen, die grünen weiblichen in runden Köpfchen mit violetten Narben. Die runden Früchte sind essbar.

HÖHE *15 m.* **AUSBREITUNG** *15 m.*
RINDE *Graubraun mit flachen Furchen.*
BLÜTEZEIT *Frühjahr oder Frühsommer.*
VORKOMMEN *Kultiviert; in warmen Gegenden Europas verwildert; stammt aus China und Japan.*
ÄHNLICHE ARTEN *Weißer und Schwarzer Maulbeerbaum (rechts), längliche Früchte.*

MERKMALE: *Die grünen unreifen Früchte haben ein fleischiges Rezeptakulum, das viele kleine Samen enthält. Dies reift zu einer braunen oder violetten Feige.*

Echte Feige

Ficus carica (Moraceae)

Die Echte Feige wächst oft strauchförmig. Die tief gelappten Blätter sind oberseits glänzend dunkelgrün und leicht rau behaart. Die kleinen männlichen und weiblichen Blüten erscheinen an verschiedenen Pflanzen. Sie stehen innen in einem grünen Rezeptakulum, das später zur Frucht wird. Die bekannten, essbaren Feigen reifen im Herbst.

HÖHE *10 m.*
AUSBREITUNG *10 m.*
RINDE *Grau und glatt.*
BLÜTEZEIT *Zeitiges Frühjahr.*
VORKOMMEN *Kultiviert; im Mittelmeergebiet oft verwildert; stammt aus Südwestasien.*
ÄHNLICHE ARTEN *Keine – die Blattform und die Frucht sind charakteristisch.*

Weißer Maulbeerbaum

Morus alba (Moraceae)

Dieser ausladende Baum hat sehr variable Blätter, die oberseits glatt und glänzend dunkelgrün, gezähnt und ungelappt bis tief gelappt sind. Die kleinen, grünen Blüten stehen in kurzen, etwa 1 cm langen Blütenständen, die männlichen und weiblichen Blüten an derselben oder getrennten Pflanzen. Die essbaren, gestielten Früchte können weiß, rosafarben oder rot gefärbt sein.

MERKMALE: *Die eiförmigen bis runden Blätter sind am Grund herzförmig und färben sich im Herbst gelb.*

HÖHE *15 m.* **AUSBREITUNG** *15 m.*
RINDE *Orangebraun, im Alter gefurcht.*
BLÜTEZEIT *Frühsommer.*
VORKOMMEN *Kultiviert (v. a. in warmen Regionen); stammt aus Nordchina.*
ÄHNLICHE ARTEN *Papier-Maulbeere (links); Schwarzer Maulbeerbaum (unten), der raue Blätter und ungestielte Früchte hat.*

Schwarzer Maulbeerbaum

Morus nigra (Moraceae)

Dieser ausladende Baum erscheint oft knorrig und unregelmäßig. Die eiförmigen Blätter sind am Rand gezähnt und an der Basis herzförmig und oft gelappt. Sie sind tiefgrün und oberseits rau behaart. Die männlichen und weiblichen Blüten sind klein und grün und stehen in kurzen Blütenständen an derselben oder verschiedenen Pflanzen.

MERKMALE: *Die essbaren, ungestielten Früchte reifen tiefrot bis schwarzviolett.*

HÖHE *10 m.* **AUSBREITUNG** *10 m.*
RINDE *Orangebraun, rau und gefurcht.*
BLÜTEZEIT *Frühsommer.*
VORKOMMEN *Kultiviert, in Südeuropa manchmal verwildert; stammt aus dem Fernen Osten.*
ÄHNLICHE ARTEN *Papier-Maulbeere (links); Weißer Maulbeerbaum (oben), der glatte, glänzende Blätter und gestielte Früchte hat.*

Roter Eukalyptus

Eucalyptus camaldulensis (Myrtaceae)

Dieser immergrüne Baum ist breit säulenförmig oder manchmal ausladend. Die schlanken, wechselständigen Blätter sind auf beiden Seiten blau- bis graugrün und hängen herab. Die jungen Sämlinge haben bläuliche Blätter. Den Blüten folgen kleine, verholzte, halbrunde Früchte.

MERKMALE: *Die kurz gestielten Blüten mit langen, weißen Staubblättern stehen in Blütenständen in den Blattachseln.*

HÖHE *40 m oder höher.* **AUSBREITUNG** *25 m.*
RINDE *Graubraun und cremeweiß, schält sich in großen Schuppen.*
BLÜTEZEIT *Sommer.*
VORKOMMEN *In Südeuropa kultiviert; stammt aus Australien.*
ÄHNLICHE ARTEN *Blaugummibaum (unten), der größere, einzeln stehende Früchte hat.*

Blaugummibaum

Eucalyptus globulus (Myrtaceae)

Dieser kräftige, immergrüne Baum hat eine breit säulenförmige Krone. Die schlanken, herabhängenden Blätter sind blaugrün. Junge Pflanzen haben ungestielte, silberblaue Blätter. Die weißen Blüten haben zahlreiche Staubblätter. Sie öffnen sich einzeln in den Blattachseln, und ihnen folgen verholzte Früchte.

MERKMALE: *Den Blüten folgen verholzte, gerillte, bis zu 3 cm breite Früchte.*

HÖHE *40 m.* **AUSBREITUNG** *25 m.*
RINDE *Graubraun, hellbraun und cremeweiß, schält sich in großen Schuppen.*
BLÜTEZEIT *Sommer.*
VORKOMMEN *In Südeuropa kultiviert; stammt aus Tasmanien und Südostaustralien.*
ÄHNLICHE ARTEN *Andere Eukalyptus-Arten; ist aber an den Früchten zu erkennen.*

Mostgummi-Eukalyptus

Eucalyptus gunnii (Myrtaceae)

Die aromatisch duftenden, lanzenförmigen Blätter dieses immergrünen Baums sind zunächst silbern und werden später blaugrün. Die Blätter junger Bäume sind silberblau und rundlich. Die weißen Blüten mit zahlreichen Staubblättern stehen in Büscheln zu dreien in den Blattachseln und öffnen sich aus silberblauen Knospen. Die verholzten Früchte sind becherförmig.

MERKMALE: *Die Rinde ist graubraun und schält sich in großen Flecken, darunter ist sie cremeweiß.*

HÖHE *25 m.* **AUSBREITUNG** *15 m.*
RINDE *Graubraun und cremeweiß.*
BLÜTEZEIT *Sommer.*
VORKOMMEN *Kultiviert; stammt aus Tasmanien und Südostaustralien.*
ÄHNLICHE ARTEN *Einige andere Eukalyptus-Arten, keine ist jedoch in kühl gemäßigten Breiten so häufig.*

Rutenförmiger Eukalyptus

Eucalyptus viminalis (Myrtaceae)

Dieser immergrüne Baum hat rote junge Zweige. Die lang zugespitzten Blätter haben manchmal gewellte Ränder und sind hellgrün. Bei jungen Pflanzen sind sie dunkelgrün mit Spitze. Kleine, weiße Blüten mit zahlreichen Staubblättern öffnen sich in Büscheln zu dreien in den Blattachseln. Ihnen folgen runde, fast ungestielte, etwa 6 mm lange Früchte.

MERKMALE: *Die graubraune Rinde schält sich, darunter ist sie cremeweiß.*

HÖHE *40 m.* **AUSBREITUNG** *25 m.*
RINDE *Graubraun und cremeweiß, schält sich in großen Schuppen; an der Basis rau.*
BLÜTEZEIT *Sommer.*
VORKOMMEN *Kultiviert; stammt aus Tasmanien und Südostaustralien.*
ÄHNLICHE ARTEN *Breitblättriger Eukalyptus* (E. dalrympleana), *der runde junge Blätter hat.*

MERKMALE: *Die kleinen, duftenden weißen Blüten stehen in bis zu 20 cm langen Blütenständen.*

Glänzender Liguster

Ligustrum lucidum (Oleaceae)

Dieser immergrüne Baum ist anfangs kegelförmig, später wird er ausladend. Die ledrigen Blätter sind eiförmig und zugespitzt. Sie sind bronzefarben, wenn sie jung sind, und färben sich später glänzend dunkelgrün. Den Blüten folgen runde schwarzblaue, bis zu 1 cm lange Früchte.

HÖHE *15 m.*
AUSBREITUNG *15 m.*
RINDE *Grau und glatt.*
BLÜTEZEIT *Sommer.*
VORKOMMEN *Kultiviert; stammt aus China.*
ÄHNLICHE ARTEN *Japanischer Liguster* (L. japonicum), *der selten gepflanzt wird; strauchförmig, mit dicken Blättern.*

MERKMALE: *Die duftenden weißen Blüten stehen in Blütenständen in den Blattachseln.*

Olivenbaum

Olea europaea (Oleaceae)

Der immergrüne Baum mit runder Krone und grauweißen Zweigen trägt oft weit unten am Stamm Äste und wächst strauchförmig. Die gegenständigen, ungezähnten Blätter sind oberseits graugrün, unten weißlich grau. Den Blütenständen folgen die bekannten Oliven, die von Grün zu Schwarz reifen. Die Form *sylvestris*, die in freier Natur im Mittelmeergebiet vorkommt, ist kleiner und strauchförmig mit stacheligen Zweigen.

HÖHE *15 m, wird oft zurückgeschnitten.*
AUSBREITUNG *10 m.*
RINDE *Hellgrau, gefurcht.*
BLÜTEZEIT *Sommer.*
VORKOMMEN *Im Mittelmeergebiet der Oliven wegen angepflanzt, manchmal als Zierbaum; stammt aus Südwestasien.*
ÄHNLICHE ARTEN *Keine.*

Steinliguster

Phillyrea latifolia (Oleaceae)

Dieser immergrüne, rundliche Baum ist aufrecht, wenn er jung ist, und hat schlanke Zweige. Die gegenständigen Blätter sind ei- bis lanzenförmig, glänzend, oberseits dunkelgrün und mit fein gezähnten oder ungezähnten Rändern. Bei jungen Pflanzen sind die Blätter größer und scharf gezähnt. In den Blattachseln öffnen sich kleine, grünlich weiße Blüten.

MERKMALE: *Den Blüten folgen runde, blauschwarze, bis 1 cm lange Früchte.*

HÖHE *10 m.* **AUSBREITUNG** *10 m.*
RINDE *Dunkelgrau, springt in eckige Platten auf.*
BLÜTEZEIT *Frühsommer.*
VORKOMMEN *Immergrünes Waldland an trockenen Standorten im Mittelmeergebiet.*
ÄHNLICHE ARTEN *Westlicher Erdbeerbaum (S. 128), der wechselständige Blätter hat.*

Flieder

Syringa vulgaris (Oleaceae)

Der Flieder ist ein baumähnlicher Strauch, der im Alter ausladend wird. Die gegenständigen Blätter sind eiförmig oder leicht herzförmig, haben einen ungezähnten Rand und sind zugespitzt. Die Blüten stehen paarig an den Blütenständen. Die braunen, länglichen Fruchtkapseln sind etwa 1 cm lang.

MERKMALE: *Die duftenden, lilafarbenen Blüten sind röhrenförmig und stehen in dichten Blütenständen.*

HÖHE *7 m.*
AUSBREITUNG *10 m.*
RINDE *Graubraun, gefurcht.*
BLÜTEZEIT *Spätes Frühjahr bis Frühsommer.*
VORKOMMEN *Dickichte an steinigen Hängen in Südosteuropa; wird anderswo oft angepflanzt, verwildert gelegentlich.*
ÄHNLICHE ARTEN *Keine.*

MERKMALE: *Die glänzenden, hellgrünen Blätter sind länglich mit gewellten Rändern.*

Schmalblättriger Klebsame

Pittosporum tenuifolium (Pittosporaceae)

Die wechselständigen Blätter dieses immergrünen Baums sitzen an violettschwarzen Zweigen. Die kleinen, röhrenförmigen Blüten, die sich in den Blattachseln öffnen, haben eine weißliche Basis und fünf rotviolette Lappen und duften am Abend stark. Die männlichen und weiblichen Blüten stehen an getrennten Pflanzen, die männlichen haben auffällige gelbe Staubblätter. Die Frucht ist eine runde, fast schwarze Kapsel, die sich öffnet, um klebrige Samen zu entlassen.

HÖHE *10 m.*
AUSBREITUNG *6 m.*
RINDE *Dunkelgrau und glatt.*
BLÜTEZEIT *Spätes Frühjahr.*
VORKOMMEN *In Parks und Gärten angepflanzt; stammt aus Neuseeland.*
ÄHNLICHE ARTEN *Keine – dieser immergrüne Baum ist leicht an den glänzend grünen Blättern mit gewellten Rändern zu erkennen.*

ANMERKUNG

Einige Sorten dieser Art werden in Gärten gepflanzt, wie 'Purpureum' mit violettem Laub und zweifarbige Sorten.

Bastard-Platane

Platanus x *hispanica* (Platanaceae)

Dieser kräftige, hohe Baum mit breit säulenförmiger Krone hat wechselständige, ahornähnliche Blätter mit fünf gezähnten Lappen. Sie sind oberseits glänzend grün, unterseits heller und braun behaart, wenn sie jung sind. Die kleinen Blüten stehen in hängenden, runden Blütenständen. Die männlichen sind gelb, die weiblichen rot. Die runden Fruchtstände hängen in Gruppen von bis zu sechs Stück den Winter über am Baum.

MERKMALE: *Die graue, braune und cremeweiße Rinde schält sich im Alter auffällig in großen Flecken.*

HÖHE *35 m.* **AUSBREITUNG** *25 m.*
RINDE *Grau, braun und cremefarben.*
BLÜTEZEIT *Spätes Frühjahr.*
VORKOMMEN *Nur in Kultur bekannt; eine Hybridform zwischen der Nordamerikanischen und der Morgenländischen Platane (unten).*
ÄHNLICHE ARTEN *Morgenländische Platane (unten), die tiefer gelappte Blätter hat.*

Morgenländische Platane

Platanus orientalis (Platanaceae)

Diese große Platane hat eine breit säulenförmige oder ausladende Krone, die unteren Zweige hängen oft herab. Die tief gelappten, ahornähnlichen Blätter sind oberseits tiefgrün und glänzend, unterseits heller und bräunlich behaart, wenn sie jung sind. Die kleinen Blüten stehen in hängenden, runden Köpfen. Die männlichen sind gelb, die weiblichen rot. Ihnen folgen runde Früchte, die in Gruppen am Baum hängen.

MERKMALE: *Diese Art wächst häufig in Gewässernähe. Sie ist oft mit Weiden, Erlen und Pappeln vergesellschaftet.*

HÖHE *30 m.* **AUSBREITUNG** *25 m.*
RINDE *Graubraun, hellbraun und cremefarben, schält sich in großen Flecken.*
BLÜTEZEIT *Spätes Frühjahr.*
VORKOMMEN *Flussufer und Gebirgswälder in Südosteuropa.*
ÄHNLICHE ARTEN *Bastard-Platane (oben), die schwächer gelappte Blätter hat.*

MERKMALE: *Die röhrenförmigen roten Blüten mit knittrigen Blütenblättern öffnen sich einzeln oder in Paaren.*

Granatapfel

Punica granatum (Punicaceae)

Der Granatapfel ist ein ausladender Baum, der oft weit unten am Stamm Äste trägt oder strauchförmig wächst. Die gegenständigen, länglichen Blätter sind ungezähnt und anfangs bronzerot, später färben sie sich glänzend dunkelgrün. Den auffälligen Blüten folgen die bekannten rötlichen bis gelblichen essbaren Früchte.

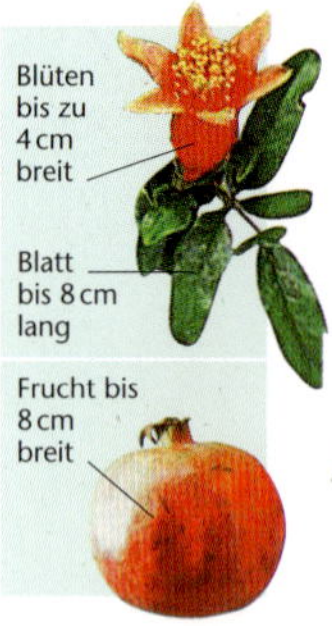

HÖHE *8 m.*
AUSBREITUNG *6 m.*
RINDE *Graubraun, schuppt sich.*
BLÜTEZEIT *Sommer.*
VORKOMMEN *Der Früchte wegen oder als Zierbaum gepflanzt, im Mittelmeergebiet verwildert; stammt aus Südwestasien.*
ÄHNLICHE ARTEN *Keine.*

MERKMALE: *Büschel kleiner, vierlappiger Blüten stehen in den Achseln der Blätter.*

Echter Kreuzdorn

Rhamnus cathartica (Rhamnaceae)

Dieser ausladende, oft strauchförmige Baum hat schlanke Zweige, die an den Spitzen häufig Dornen tragen. Die eiförmigen, glänzend grünen Blätter haben einen fein gezähnten Rand und färben sich im Herbst gelb. Den kleinen, duftenden Blüten folgen fleischige, runde Beeren, die von Grün zu Schwarz reifen.

HÖHE *5 m.*
AUSBREITUNG *6 m.*
RINDE *Orangebraun, schuppig.*
BLÜTEZEIT *Sommer.*
VORKOMMEN *Wälder, Dickichte und Hecken in Europa, oft auf kalkhaltigen Böden.*
ÄHNLICHE ARTEN *Gewöhnlicher Faulbaum (rechts), der ungezähnte Blätter hat.*

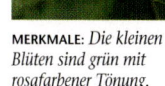

Gewöhnlicher Faulbaum

Rhamnus frangula (Rhamnaceae)

Dieser ausladende oder strauchförmige Baum hat oft mehrere Hauptstämme. Die ungezähnten Blätter sind im oberen Teil am breitesten und haben eine kurze Spitze. Sie sind oberseits dunkelgrün, unterseits heller und färben sich im Herbst gelb oder rot. Die fleischigen, runden Früchte reifen von Grün über Rot zu Schwarz.

MERKMALE: *Die kleinen Blüten sind grün mit rosafarbener Tönung.*

HÖHE *5 m.* **AUSBREITUNG** *6 m.*
RINDE *Grau und glatt, mit senkrechten Furchen.*
BLÜTEZEIT *Sommer.*
VORKOMMEN *Wälder, Dickichte und Hecken in Europa, oft auf nassem Boden.*
ÄHNLICHE ARTEN *Echter Kreuzdorn (links), der gegenständige Blätter hat. Früchte sind nie rot.*

Kupfer-Felsenbirne

Amelanchier lamarckii (Rosaceae)

Dieser oft strauchförmige Baum hat meist mehrere Stämme. Die Ränder der eiförmigen, zugespitzten Blätter sind fein gezähnt. Sie sind bronzefarben und seidig behaart, wenn sie jung sind, färben sich später dunkelgrün und im Herbst rot. Die weißen Blüten haben je fünf schlanke Blütenblätter. Sie öffnen sich zusammen mit den jungen Blättern.

MERKMALE: *Die runden, violettschwarzen Früchte sind sehr saftig.*

HÖHE *12 m.* **AUSBREITUNG** *15 m.*
RINDE *Glatt und grau, springt im Alter auf.*
BLÜTEZEIT *Frühjahr.*
VORKOMMEN *Sandige Böden; in Europa verbreitet, stammt aber vielleicht aus Nordamerika.*
ÄHNLICHE ARTEN *Kann nur mit selteneren Amelanchier-Arten verwechselt werden.*

MERKMALE: *Die orangegelben Früchte haben einen apfelähnlichen Geschmack.*

Azaroldorn

Crataegus azarolus (Rosaceae)

Dieser ausladende Baum hat dornige Zweige, die behaart sind, wenn sie jung sind. Die Blätter sind gelappt, ei- oder rautenförmig und an der Basis schmal. Sie sind auf beiden Seiten filzig, wenn sie jung sind, und werden später glatt und oberseits glänzend grün. Den Blütenständen mit weißen Blüten folgen runde Früchte.

HÖHE *10 m.* **AUSBREITUNG** *10 m.*
RINDE *Graubraun, im Alter mit Rissen.*
BLÜTEZEIT *Frühsommer.*
VORKOMMEN *Gebüsche und Waldränder an Hängen; stammt aus Kreta, in Südeuropa verwildert.*
ÄHNLICHE ARTEN *Orientalischer Weißdorn (rechts) mit scharf gezähnten Blattlappen.*

MERKMALE: *Die fleischigen, roten Früchte sind essbar und hängen an langen Stielen.*

Hahnensporn-Weißdorn

Crataegus crus-galli (Rosaceae)

Dieser Baum mit spitzen Dornen hat eine ausladende, oft flache Krone und trägt Büschel weißer Blüten. Die wechselständigen, ungelappten Blätter sind im oberen Teil am breitesten und am Grund schmal. Im Herbst färben sie sich rot und orangefarben. Die reifen Früchte hängen bis weit in den Winter hinein am Baum.

HÖHE *8 m.* **AUSBREITUNG** *10 m.*
RINDE *Dunkel graubraun, schuppt sich im Alter.*
BLÜTEZEIT *Frühsommer.*
VORKOMMEN *Kultiviert; stammt aus dem Osten Nordamerikas.*
ÄHNLICHE ARTEN C. *x* persimilis, *dessen Früchte abfallen, wenn sie reif sind.*

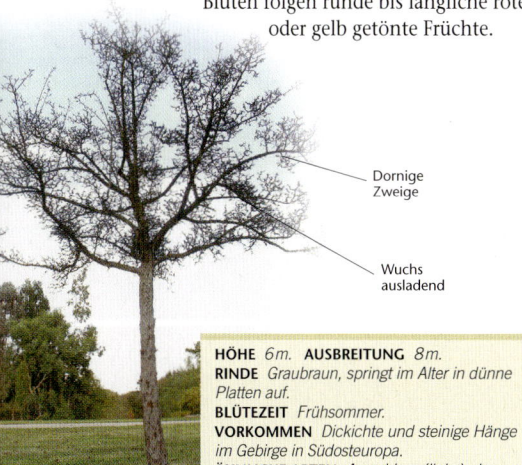

Orientalischer Weißdorn

Crataegus laciniata (Rosaceae)

Die Zweige dieses ausladenden Baums sind weiß behaart, wenn sie jung sind, und tragen wenige Dornen. Die Blätter sind im Umriss rautenförmig und tief in fünf oder mehr scharf gezähnte Lappen eingeschnitten. Sie sind oberseits glänzend dunkelgrün, unterseits grau behaart. Den weißen Blüten folgen runde bis längliche rote oder gelb getönte Früchte.

MERKMALE: *Die weißen, bis 2 cm breiten Blüten haben rosafarbene Staubblätter.*

HÖHE *6 m.* **AUSBREITUNG** *8 m.*
RINDE *Graubraun, springt im Alter in dünne Platten auf.*
BLÜTEZEIT *Frühsommer.*
VORKOMMEN *Dickichte und steinige Hänge im Gebirge in Südosteuropa.*
ÄHNLICHE ARTEN *Azaroldorn (links), der stumpfer gelappte Blätter hat.*

Zweigriffliger Weißdorn

Crataegus laevigata (Rosaceae)

Die Blätter dieses Baums sind in stumpfe Lappen geteilt und oberhalb der Mitte meist am breitesten. Sie sind oberseits glänzend dunkelgrün, unterseits heller. Die Zweige sind glatt und glänzend. Die runden bis ovalen roten Früchte mit zwei Samen folgen den weißen Blüten. 'Paul's Scarlet' ist eine beliebte Hybridform mit rosafarbenen, gefüllten Blüten.

MERKMALE: *Die weißen Blüten haben rote Staubblätter und stehen in kleinen Blütenständen.*

HÖHE *10 m.* **AUSBREITUNG** *10 m.*
RINDE *Grau und glatt, springt im Alter auf.*
BLÜTEZEIT *Spätes Frühjahr.*
VORKOMMEN *Wälder, meist auf lehmigen Böden, in ganz Europa.*
ÄHNLICHE ARTEN *Eingriffliger Weißdorn (S. 165), der tiefer gelappte Blätter und Früchte mit einem einzigen Stein hat.*

MERKMALE: *Die runden Früchte an kurzen Stielen reifen im Herbst rötlich grün.*

Lederblättriger Weißdorn

Crataegus x *lavallei* (Rosaceae)

Dieser Baum ist eine Hybridform und hat leicht dornige Zweige, die behaart sind, wenn sie jung sind. Die großen Blätter sind über der Mitte am breitesten, oben spitz und laufen unten schmal zu. Sie bleiben bis in den Winter am Baum. Oberseits sind sie glänzend dunkelgrün, unterseits grau und behaart. Im Sommer erscheinen weiße Blüten mit rosafarbenen Staubblättern in flachen Blütenständen. Ihnen folgen runde rote Früchte, die im späten Herbst reifen. Die am häufigsten gepflanzte Sorte ist 'Carrierei'.

ANMERKUNG

Dieser Baum ist eine Hybridform zwischen dem Hahnensporn-Weißdorn und Crataegus mexicana. *Er stammt aus Frankreich und ist mittlerweile ein beliebter Straßenbaum.*

HÖHE *10 m.* **AUSBREITUNG** *12 m.*
RINDE *Dunkelgrau, schält sich in schuppigen Platten.*
BLÜTEZEIT *Sommer.*
VORKOMMEN *Nur kultiviert bekannt (wird in Parks, Gärten und als Straßenbaum gepflanzt).*
ÄHNLICHE ARTEN *Dieser sehr charakteristische Baum ist leicht an seinen dunkelgrünen, halb immergrünen Blättern und der spät reifenden Frucht zu erkennen.*

Eingriffliger Weißdorn

Crataegus monogyna (Rosaceae)

Die dornigen Zweige dieses Weißdorns hängen bei alten Bäumen oft leicht herab. Die Blätter sind im Umriss ei- bis rautenförmig. Sie sind tief in drei oder fünf scharf gezähnte Lappen eingeschnitten, oberseits glänzend dunkelgrün und unterseits heller. Die duftenden weißen Blüten haben rosafarbene Staubblätter und stehen in dichten Blütenständen. Ihnen folgen leuchtend rote, eiförmige Früchte, die je einen einzigen Stein enthalten. Der Eingrifflige Weißdorn ist eine variable und weitverbreitete Art, die oft in Hecken gepflanzt wird.

MERKMALE: *Die glänzenden, leuchtend roten Früchte reifen von September bis Oktober in attraktiven Fruchtständen.*

ANMERKUNG

Die Gartensorte 'Biflora' blüht zwei Mal, ein Mal im Winter oder zeitigen Frühjahr, je nach Wetter, und wieder zur üblichen Blütezeit im späten Frühjahr. Der Sage nach wuchs sie aus dem Stab des Joseph von Arimathea, der diesen in Glastonbury in die Erde steckte, als er aus dem heiligen Land nach England zurückkehrte.

HÖHE *10 m.*
AUSBREITUNG *10 m.*
RINDE *Orangebraun, bei alten Bäumen aufgesprungen und schuppig.*
BLÜTEZEIT *Spätes Frühjahr.*
VORKOMMEN *Wälder, Gebüsche und Hecken in ganz Europa.*
ÄHNLICHE ARTEN *Zweigriffliger Weißdorn (S. 163), der weniger tief eingeschnittene Blätter mit drei bis fünf mehr oder weniger stumpfen Lappen und Früchte mit zwei Steinen hat.*

MERKMALE: *Die tiefroten Früchte mit nur einem Samen sind länger als breit.*

Großkelchiger Weißdorn

Crataegus rhipidophylla (Rosaceae)

Dieser Baum wächst manchmal strauchförmig und hat oft dornige Zweige. Die wechselständigen, eiförmigen, dunkelgrünen Blätter sind unterseits heller und haben scharf gezähnte Lappen und gezähnte Nebenblätter. Die weißen Blüten mit zahlreichen rosafarbenen Staubblättern stehen in offenen Blütenständen.

HÖHE *8 m.* **AUSBREITUNG** *8 m.*
RINDE *Graubraun, bei alten Bäumen schuppig.*
BLÜTEZEIT *Spätes Frühjahr.*
VORKOMMEN *Wälder in Norwegen und Schweden.*
ÄHNLICHE ARTEN *Gewöhnliche Mehlbeere (S. 191), ein größerer Baum mit größeren Blättern, kann im selben Gebiet verwildert sein.*

MERKMALE: *Die orangegelben Früchte sind essbar.*

Japanische Wollmispel

Eriobotrya japonica (Rosaceae)

Dieser immergrüne Baum wächst manchmal strauchförmig und hat behaarte Zweige. Die großen, ledrigen Blätter sind an den Rändern gezähnt und über der Mitte am breitesten. Sie sind oberseits glänzend grün mit auffallenden Adern, unterseits dicht behaart. Die duftenden weißen Blüten stehen in hohen Blütenständen, ihnen folgen runde bis birnenförmige Früchte.

HÖHE *10 m.* **AUSBREITUNG** *10 m.*
RINDE *Graubraun, bei alten Bäumen mit Rissen.*
BLÜTEZEIT *Herbst.*
VORKOMMEN *Kultiviert, v. a. im Mittelmeergebiet; stammt aus China; in Südeuropa gelegentlich verwildert.*
ÄHNLICHE ARTEN *Keine.*

Echte Quitte

Cydonia oblonga (Rosaceae)

Die jungen Zweige dieses ausladenden Baums sind anfangs dicht mit weißen Haaren bedeckt und werden später glatt. Die wechselständigen, ungezähnten, kurz gestielten Blätter sind eiförmig bis fast rund. Sie sind behaart, wenn sie jung sind, später oberseits glatt. Unterseits sind sie dicht mit grauweißen Haaren bedeckt. Die birnen- oder apfelförmigen duftenden Früchte sind anfangs wollig weiß behaart und werden zur Herstellung von Konfitüre verwendet.

MERKMALE: *Die hell rosafarbenen oder weißen Blüten haben fünf Blütenblätter.*

HÖHE *8 m.*
AUSBREITUNG *8 m.*
RINDE *Violettbraun, schält sich.*
BLÜTEZEIT *Spätes Frühjahr.*
VORKOMMEN *Oft kultiviert, im Mittelmeergebiet verwildert; stammt aus Zentral- und Südwestasien.*
ÄHNLICHE ARTEN *Garten-Birnbaum (S. 188), der gezähnte Blätter hat. Die Früchte stehen zu mehreren.*

ANMERKUNG

Einige Sorten werden ihrer Früchte wegen gepflanzt, wie 'Lusitanica' mit tiefgelben Früchten und 'Vranja' mit goldgelben, stark duftenden Blüten.

MERKMALE: *Die weißen, rosa getönten Blüten öffnen sich aus tiefrosa Knospen.*

Kultur-Apfel

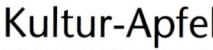

Malus domestica (Rosaceae)

Dieser rundkronige Baum mit behaarten jungen Zweigen ist eine Hybridform, *Malus dasyphylla* wahrscheinlich eine der Stammarten. Die wechselständigen, eiförmigen Blätter sind oberseits dunkelgrün und unterseits behaart. Den Blüten mit fünf Blütenblättern folgen die grünen, gelben oder roten Äpfel.

HÖHE *10 m.* **AUSBREITUNG** *10 m.*
RINDE *Grau- bis violettbraun, schält sich im Alter.*
BLÜTEZEIT *Spätes Frühjahr.*
VORKOMMEN *In Gärten und Obsthainen der Früchte wegen kultiviert, in Europa verwildert.*
ÄHNLICHE ARTEN M. dasyphylla, *der kleine gelbe oder rot getönte Früchte hat.*

MERKMALE: *Die Rinde schält sich in Platten, darunter erscheinen orangebraune Schichten.*

Italienischer Apfel

Malus florentina (Rosaceae)

Die breiten, eiförmigen Blätter dieses Baums sind in gezähnte Lappen eingeschnitten. Sie sind oberseits tiefgrün, unterseits dicht mit weißen Haaren bedeckt und färben sich im Herbst orangefarben, rot und violett. Den weißen Blüten folgen kleine runde bis birnenförmige Früchte. Die Kelchblätter fallen ab, bevor die Frucht reif ist.

HÖHE *8 m.*
AUSBREITUNG *6 m.*
RINDE *Rotbraun bis violettbraun, schält sich.*
BLÜTEZEIT *Spätes Frühjahr bis Frühsommer.*
VORKOMMEN *Wälder, Dickichte und steinige Standorte; Norditalien bis Nordgriechenland.*
ÄHNLICHE ARTEN M. trilobata *hat größere Blätter, die Kelchblätter bleiben an der Frucht.*

Vielblütiger Apfel

Malus x *floribunda* (Rosaceae)

Dieser kleine Baum hat eine dichte Krone. Die schmal eiförmigen, scharf gezähnten und zugespitzten Blätter sind dunkelgrün, an kräftigen Zweigen können sie gelappt sein. Sie sind oberseits glatt und unterseits behaart, wenn sie jung sind. Die Blüten öffnen sich, wenn die Blätter sich entfalten, und ihnen folgen kleine, runde Früchte.

MERKMALE: *Die üppigen Blüten öffnen sich aus tiefroten Knospen und sind zunächst hellrosa, später fast weiß.*

HÖHE *5 m.*
AUSBREITUNG *6 m.*
RINDE *Violettbraun, schält sich im Alter.*
BLÜTEZEIT *Frühjahr.*
VORKOMMEN *Wird in Parks und Gärten gepflanzt; Hybridform, stammt aus Japan.*
ÄHNLICHE ARTEN *Keine – die geringe Größe und die üppigen Blüten sind typisch.*

Tee-Apfel

Malus hupehensis (Rosaceae)

Dieser kräftige Baum hat eine breite, runde Krone. Die eiförmigen, fein gezähnten, bis zu 10 cm langen Blätter sind zugespitzt und oberseits dunkelgrün. Im Herbst färben sie sich gelb. Den Blüten mit fünf breiten Blütenblättern folgen kleine, leicht abgeflachte rote Früchte an schlanken Stielen.

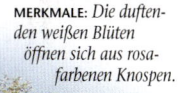

MERKMALE: *Die duftenden weißen Blüten öffnen sich aus rosafarbenen Knospen.*

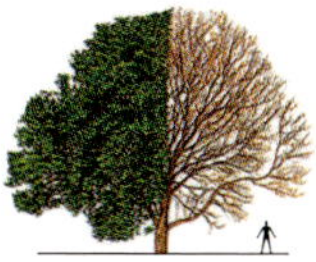

HÖHE *12 m.* **AUSBREITUNG** *15 m.*
RINDE *Violettbraun, schält sich bei alten Bäumen.*
BLÜTEZEIT *Frühjahr.*
VORKOMMEN *Kultiviert; stammt aus China.*
ÄHNLICHE ARTEN *Keine – der kräftige Wuchs, die weißen Blüten und kleinen Früchte sind charakteristisch.*

MERKMALE: *'Evereste' ist eine der vielen Sorten, die ihrer Zierfrüchte wegen gepflanzt werden.*

Holz-Apfel-Hybridformen

Malus-Hybridformen (Rosaceae)

Es gibt zahlreiche Hybridformen von Holzäpfeln mit unterschiedlichen Blüten und Früchten. Alle sind ausladende Bäume mit eiförmigen dunkelgrünen oder violetten Blättern. Die Blüten variieren in der Färbung zwischen weiß und rosafarben und können einfach oder gefüllt sein. Beliebte Sorten sind 'Golden Hornet' mit rosafarben getönten Blüten und tiefgelben Früchten, 'Profusion' mit rotvioletten jungen Blättern und dunkelroten Blüten, denen rotviolette Früchte folgen, und 'Van Eseltine' mit gefüllten, rosafarbenen Blüten.

HÖHE *8 m.*
AUSBREITUNG *10 m.*
RINDE *Grau- bis violettbraun, schält sich bei alten Bäumen.*
BLÜTEZEIT *Spätes Frühjahr bis Frühsommer.*
VORKOMMEN *In Parks und Gärten gepflanzt.*
ÄHNLICHE ARTEN *In Gärten werden viele* Malus*-Hybridformen gepflanzt. Die Blütenfärbung variiert zwischen weiß bis rot, die Früchte können klein bis groß und unterschiedlich gefärbt sein.*

ANMERKUNG

Holz-Apfel-Sorten werden ihrer Blüten und der Früchte wegen, die im Herbst folgen, als Zierbäume gepflanzt.

Holz-Apfel

Malus sylvestris (Rosaceae)

Dieser ausladende Baum oder Strauch hat manchmal dornige Zweige. Die eiförmigen bis fast runden Blätter sind fein gezähnt und spitz. Sie sind oberseits dunkelgrün, unterseits heller und auf beiden Seiten glatt oder fast glatt, wenn sie älter sind. Den weißen oder rosafarben getönten Blüten folgen gelbgrüne oder rötliche Früchte.

MERKMALE: *Die weißen, oft rosafarben getönten Blüten blühen im April und Mai.*

HÖHE *10 m.*
AUSBREITUNG *10 m.*
RINDE *Braun, im Alter aufgesprungen.*
BLÜTEZEIT *Spätes Frühjahr.*
VORKOMMEN *Wälder, Dickichte und Hecken in ganz Europa.*
ÄHNLICHE ARTEN *Kultur-Apfel (S. 168) und* M. pumila *mit unterseits behaarten Blättern.*

Dreilappiger Apfel

Malus trilobata (Rosaceae)

Die jungen Zweige dieses kegelförmigen Baums oder Strauchs sind weiß behaart. Die lang gestielten, ahornähnlichen dunkelgrünen Blätter sind tief in drei Lappen eingeschnitten. Im Herbst färben sie sich gelb, rot und schließlich violett. Den weißen Blüten folgen runde grüne oder rot getönte Früchte.

MERKMALE: *Die kleinen, harten Früchte sind oft etwas breiter als lang, die drei Kelchblätter sind noch zu sehen.*

HÖHE *15 m.* **AUSBREITUNG** *6 m.*
RINDE *Graubraun, springt in kleine, eckige Platten auf.*
BLÜTEZEIT *Frühsommer.*
VORKOMMEN *Immergrüne Gebüsche in Nordostgriechenland.*
ÄHNLICHE ARTEN M. florentina, *der kleinere Blätter und Früchte ohne Kelchblätter hat.*

MERKMALE: *An den abgeflachten, harten Früchten sind die Kelchblätter erhalten.*

Echte Mispel

Mespilus germanica (Rosaceae)

Dieser Baum mit manchmal dornigen Zweigen hat längliche dunkelgrüne Blätter, die ungezähnt oder an der Spitze fein gezähnt sind. Die weißen Blüten stehen einzeln, ihnen folgen birnenförmige bis runde, rostbraune Früchte mit bis zu 3 cm Durchmesser. Wild wachsende Pflanzen sind dorniger und strauchförmiger als kultivierte und haben kleinere Blätter, Blüten und Früchte.

HÖHE *6 m.*
AUSBREITUNG *8 m.*
RINDE *Grau- und orangebraun, springt im Alter in dünne Platten auf.*
BLÜTEZEIT *Spätes Frühjahr bis Frühsommer.*
VORKOMMEN *Wälder und Dickichte in Südosteuropa, in Mitteleuropa verwildert.*
ÄHNLICHE ARTEN *Keine.*

MERKMALE: *Die leuchtend roten Früchte hängen in Büscheln an langen Stielen.*

Lorbeer-Glanzmispel

Photinia davidiana (Rosaceae)

Dieser immergrüne Baum hat oft mehrere Stämme und wächst manchmal strauchförmig. Die länglichen Blätter sind gezähnt und zugespitzt. Sie sind oberseits dunkelgrün, unterseits heller und färben sich rot, bevor sie fallen. Die kleinen, weißen Blüten stehen in dichten Blütenständen an den Enden der Zweige, ihnen folgen runde Früchte.

HÖHE *10 m.* **AUSBREITUNG** *10 m.*
RINDE *Graubraun und glatt.*
BLÜTEZEIT *Sommer.*
VORKOMMEN *Kultiviert; stammt aus China und Vietnam.*
ÄHNLICHE ARTEN *Frasers Glanzmispel (rechts) und die seltenere* P. serratifolia, *beide mit gezähnten Blättern.*

Frasers Glanzmispel

Photinia x *fraseri* (Rosaceae)

Wie die verwandte Lorbeer-Glanzmispel (links) ist dieser Baum immergrün und hat oft mehrere Stämme oder einen buschförmigen Wuchs. Die wechselständigen Blätter sind oben am breitesten. Sie sind bronzerot, wenn sie sich entfalten, und werden später glänzend dunkelgrün. Die weißen Blüten mit rosafarbenen Staubblättern öffnen sich in abgeflachten Blütenständen. Ihnen folgen meist wenige runde rote Früchte. Dieser Baum ist eine Hybridform zwischen *P. glabra* und *P. serratifolia*. Zwei beliebte Sorten sind ‘Red Robin’ und ‘Robusta’.

MERKMALE: *Die gezähnten Blätter sind bronzerot, wenn sie jung sind.*

HÖHE *10 m.* **AUSBREITUNG** *8 m.*
RINDE *Graubraun und glatt, schält sich bei alten Bäumen.*
BLÜTEZEIT *Spätes Frühjahr und Sommer.*
VORKOMMEN *Nur in Kultur bekannt (wird in Parks und Gärten gepflanzt, auch als Kübelpflanze).*
ÄHNLICHE ARTEN *Lorbeer-Glanzmispel (links), die ungezähnte Blätter hat;* P. serratifolia, *größer, mit bis zu 20 cm langen Blättern und 15 cm breiten Blütenständen.*

ANMERKUNG

Frasers Glanzmispel wurde zuerst in den USA gezüchtet. Bei Gärtnern ist sie ihrer bunten jungen Blätter wegen beliebt.

MERKMALE: *Die roten Früchte sitzen zwischen den leuchtend roten und orangefarbenen Herbstblättern.*

Warzen-Glanzmispel

Photinia villosa (Rosaceae)

Dieser ausladende Baum wächst manchmal strauchförmig. Die fein gezähnten Blätter sind eiförmig, an den Enden am breitesten und haben eine Spitze. Die sind bronzefarben und meist behaart, wenn sie jung sind und färben sich später dunkelgrün. Den kleinen weißen Blüten folgen die roten Früchte. Die Stiele der Blüten und Früchte sind mit kleinen Warzen besetzt.

HÖHE *8 m.* **AUSBREITUNG** *10 m.*
RINDE *Graubraun, flach gefurcht.*
BLÜTEZEIT *Spätes Frühjahr.*
VORKOMMEN *Kultiviert; stammt aus China, Japan und Korea.*
ÄHNLICHE ARTEN *Keine – unter den* Crataegus-*Arten durch die fehlenden Dornen und warzigen Blüten- und Fruchtstiele zu erkennen.*

MERKMALE: *Die orangegelben, oft rot getönten Aprikosen schmecken süß.*

Aprikose

Prunus armeniaca (Rosaceae)

Die Aprikose ist ein ausladender Baum mit rötlichen Zweigen. Die wechselständigen, breit eiförmigen bis fast runden Blätter haben fein gezähnte Ränder und eine kurze Spitze. Sie sind anfangs bronzefarben, später glänzend dunkelgrün. Die rosafarbenen Blüten öffnen sich, bevor die Blätter erscheinen. Die Früchte sind dicht mit kurzen, weichen Haaren bedeckt.

HÖHE *10 m.*
AUSBREITUNG *10 m.*
RINDE *Glatt und rotbraun.*
BLÜTEZEIT *Zeitiges Frühjahr.*
VORKOMMEN *Kultiviert, gelegentlich verwildert; stammt aus Nordchina.*
ÄHNLICHE ARTEN *Pfirsich (S. 183) mit schlanken Blättern und größeren Früchten.*

Vogel-Kirsche

Prunus avium (Rosaceae)

Die Vogel-Kirsche wächst anfangs kegelförmig und wird im Alter breit säulenförmig bis ausladend. Die wechselständigen, elliptischen bis länglichen, scharf gezähnten Blätter sind bis zu 15 cm lang und tragen eine kurze Spitze. Sie sind bronzefarben, wenn sie jung sind, später matt dunkelgrün und färben sich im Herbst gelb oder rot. Auf den Blattstielen kann man auffallende Drüsen erkennen. Die schlank gestielten Kirschen reifen rot und sind essbar. 'Plena' ist eine Sorte mit gefüllten Blüten, die häufig in Parks und Gärten gepflanzt wird.

MERKMALE: *Die weißen Blüten stehen in Büscheln, bevor die jungen Blätter sich entfalten.*

HÖHE *25 m.*
AUSBREITUNG *15 m.*
RINDE *Zunächst rotbraun, glatt und glänzend; schält sich in waagrechten Streifen.*
BLÜTEZEIT *Frühjahr.*
VORKOMMEN *Wälder in Europa.*
ÄHNLICHE ARTEN *Sauer-Kirsche (S. 177), ein kleinerer, oft strauchförmiger Baum mit sauren Früchten und fein gezähnten Blättern.*

ANMERKUNG

Die größte europäische Kirschen-Art ist die Stammart der SüßKirschen, die essbare, süße rote oder schwarze Früchte tragen. Sie werden ihrer Früchte wegen häufig gepflanzt.

MERKMALE: *Die weißen Blüten öffnen sich einzeln oder in Büscheln.*

Kirschpflaume

Prunus cerasifera (Rosaceae)

Dieser Busch oder kleine, ausladende Baum hat behaarte, manchmal dornige Zweige. Die eiförmigen, scharf gezähnten Blätter sind oberseits glänzend dunkelgrün und glatt, unterseits an den Adern filzig behaart. Die weißen Blüten öffnen sich, bevor die Blätter erscheinen. Die runden, pflaumenähnlichen Früchte sind süß und essbar. Violettblättrige Sorten sind beliebt: *P. cerasifera* 'Nigra' hat rosafarbene Blüten, *P. cerasifera* 'Pissardii' weiße.

HÖHE *8 m.*
AUSBREITUNG *10 m.*
RINDE *Violettbraun, schuppig, schält sich im Alter.*
BLÜTEZEIT *Zeitiges Frühjahr.*
VORKOMMEN *In Dickichten und Hecken verwildert, die Herkunftsregion ist unbekannt.*
ÄHNLICHE ARTEN *Gewöhnliche Schlehe (S. 185), die strauchförmiger ist und blauschwarze, bittere Früchte trägt; blüht einige Wochen später.*

ANMERKUNG

Die violettblättrigen Sorten der Kirschpflaume sind beliebte Bäume, die man oft in Parks und Gärten sieht.

Sauer-Kirsche

Prunus cerasus (Rosaceae)

Dieser kleine Baum wächst oft strauchförmig und bildet an der Basis Schösslinge. Die wechselständigen, eiförmigen Blätter sind oberseits glänzend dunkelgrün, auf beiden Seiten glatt und fein gezähnt. Die roten oder schwarzen Früchte folgen den Blüten mit fünf Blütenblättern und sind sauer, aber essbar. *P. cerasus* 'Rhexii' ist eine Gartensorte mit gefüllten Blättern. Viele andere Sorten werden der essbaren Früchte wegen gepflanzt. 'Semperflorens' blüht während des ganzen Sommers.

MERKMALE: *Die lang gestielten, weißen Blüten mit grünen Kelchblättern öffnen sich, bevor die Blätter erscheinen.*

ANMERKUNG

Diese Art wird oft ihrer Früchte, der bekannten Sauerkirschen wegen gepflanzt.

HÖHE *8 m.*
AUSBREITUNG *8 m.*
RINDE *Violettbraun, schält sich in waagrechten Streifen.*
BLÜTEZEIT *Frühjahr.*
VORKOMMEN *In Gärten und Obsthainen gepflanzt, in Europa häufig verwildert; Herkunft unsicher.*
ÄHNLICHE ARTEN *Vogel-Kirsche (S. 175) mit größeren, unterseits behaarten Blättern und süßen oder bitteren Früchten.*

MERKMALE: *Die essbaren gelben, oft rot getönten Früchte sind bis zu 4 cm lang.*

Prunus cocomilia

Prunus cocomilia (Rosaceae)

Dieser ausladende, manchmal strauchförmige Baum hat glatte Zweige ohne Dornen. Die eiförmigen, dunkelgrünen Blätter haben gezähnte Ränder und sind auf beiden Seiten glatt. Die weißen Blüten öffnen sich in Büscheln zu dreien oder vieren, wenn sich die jungen Blätter entfalten. Ihnen folgen essbare, pflaumenähnliche Früchte, die einen einzigen Stein haben.

HÖHE *6 m.*
AUSBREITUNG *6 m.*
RINDE *Graubraun, bei alten Bäumen rissig.*
BLÜTEZEIT *Frühjahr.*
VORKOMMEN *Dickichte und Gebirgshänge in Süditalien und auf dem südlichen Balkan.*
ÄHNLICHE ARTEN *Pflaume (unten), die behaarte Zweige und Blätter hat.*

MERKMALE: *Die essbaren Früchte sind rot, gelb oder violett mit glatter Haut und bis zu 8 cm lang.*

Pflaume

Prunus domestica (Rosaceae)

Die Pflaume ist ein rundlicher bis ausladender Baum. Die Zweige ohne Dornen sind behaart, wenn sie jung sind. Die gezähnten, mattgrünen Blätter sind eiförmig und oben am breitesten, unterseits behaart. Die kleinen weißen Blüten stehen einzeln oder in Büscheln bis zu dreien an den kahlen Zweigen, bevor die Blätter erscheinen. Wenn die Frucht reif ist, trennt sich das Fruchtfleisch leicht vom Stein.

HÖHE *10 m.* **AUSBREITUNG** *10 m.*
RINDE *Graubraun, im Alter rissig.*
BLÜTEZEIT *Frühjahr.*
VORKOMMEN *Kultiviert (in Gärten und Obsthainen); häufig verwildert.*
ÄHNLICHE ARTEN P. cocomilla *(oben) mit glatten Zweigen und Blättern; Hafer-Pflaume (rechts).*

Mandelbaum

Prunus dulcis (Rosaceae)

Dieser ausladende Baum hat glatte grüne oder rot getönte Zweige. Die lanzenförmigen, glänzend grünen Blätter sind auf beiden Seiten glatt mit einem gezähnten Rand und einer lang gezogenen Spitze. Die Blüten öffnen sich, bevor die Blätter erscheinen. Die grüne Frucht ist mit samtigen Haaren bedeckt. Wenn sie reif ist, trennt sich das Fruchtfleisch vom flachen Stein, der einen essbaren weißen Samen enthält.

MERKMALE: *Die rosafarbenen oder weißen Blüten öffnen sich vor den Blättern.*

HÖHE *8 m.* **AUSBREITUNG** *10 m.*
RINDE *Dunkelgrau, springt in Platten auf.*
BLÜTEZEIT *Zeitiges Frühjahr.*
VORKOMMEN *Kultiviert; in Südeuropa verwildert; stammt aus Südwest- und Zentralasien und Nordafrika.*
ÄHNLICHE ARTEN *Pfirsich (S. 183) mit fleischiger Frucht mit gefurchtem Stein.*

Hafer-Pflaume

Prunus insititia (Rosaceae)

Die oft dornigen Zweige dieses ausladenden Baums sind dicht behaart, wenn sie jung sind. Die eiförmigen, stumpf gezähnten Blätter sind auf beiden Seiten behaart und tragen eine kurze, abgesetzte Spitze. Die kleinen weißen Blüten öffnen sich vor den Blättern. Die essbare Frucht hat einen rundlichen Stein, der sich schwer vom Fruchtfleisch löst. Mirabellen wurden aus dieser Art gezüchtet.

MERKMALE: *Die essbaren Früchte sind bis zu 5 cm lang, süß und fleischig.*

HÖHE *7 m.* **AUSBREITUNG** *10 m.*
RINDE *Dunkelgrau und glatt, bei alten Bäumen rissig.*
BLÜTEZEIT *Frühjahr.*
VORKOMMEN *Der essbaren Früchte wegen kultiviert, in Europa verwildert.*
ÄHNLICHE ARTEN *Pflaume (links) mit flachem Stein, der sich leicht vom Fruchtfleisch löst.*

Japanische Zierkirschen

Prunus (Rosaceae)

MERKMALE: *Die Blüten von 'Kanzan', der beliebtesten Japanischen Zierkirsche (siehe auch großes Bild) sind tief rosafarben und gefüllt.*

Diese Bäume sind gezüchtete *Prunus*-Sorten oder Hybridformen. Sie haben wechselständige, scharf gezähnte Blätter, die bronzefarben sind, wenn sie jung sind und tragen meist eine lang ausgezogene Spitze. Die auffälligen Blüten variieren in der Färbung zwischen rosafarben und weiß und sind einfach, halb gefüllt oder gefüllt. Häufige Sorten sind 'Amanogawa' mit aufrechtem Wuchs und hell rosafarbenen, gefüllten Blüten, 'Kanzan', die zunächst vasenförmig, später verzweigt wächst, mit tief rosafarbenen, gefüllten Blüten und 'Shirotae' mit herabhängenden Zweigen und weißen einfachen oder halb gefüllten Blüten.

HÖHE *10 m oder höher.*
AUSBREITUNG *15 m oder breiter.*
RINDE *Rotbraun mit waagrechten Streifen.*
BLÜTEZEIT *Frühjahr.*
VORKOMMEN *Nur in Kultur bekannt (in Gärten, Parks, als Straßenbäume).*
ÄHNLICHE ARTEN P. avium *'Plena', die viel größer ist; Berg-Kirsche* *(S. 184)**, die einfache Blüten hat.*

ANMERKUNG

Diese Zierbäume haben ihren Ursprung in China. In Japan werden sie seit Hunderten von Jahren gezüchtet .

Kirschlorbeer

Prunus laurocerasus (Rosaceae)

Dieser immergrüne Baum wächst meist strauchförmig, die kräftigen Zweige sind grün, wenn sie jung sind. Die ledrigen, länglichen Blätter sind auf beiden Seiten glatt mit kleinen Zähnen über der Mitte und enden in einer kurzen Spitze. Den Blüten folgen runde Früchte, die von Grün über Rot zu glänzend Schwarz reifen. Der Kirschlorbeer wird in vielen Formen gepflanzt, die in Wuchs- und Blattform variieren.

MERKMALE: *Die duftenden weißen Blüten stehen im Frühjahr in aufrechten Blütenständen.*

HÖHE *10 m.*
AUSBREITUNG *10 m.*
RINDE *Graubraun und glatt.*
BLÜTEZEIT *Frühjahr.*
VORKOMMEN *Waldland in Südosteuropa.*
ÄHNLICHE ARTEN *Portugiesische Lorbeerkirsche (unten), die rot gestielte Blätter und im Sommer längere Blütenstände trägt.*

Portugiesische Lorbeerkirsche

Prunus lusitanica (Rosaceae)

Dieser immergrüne Baum wächst oft strauchförmig und kann mehrere Stämme haben. Die eiförmigen Blätter sind rot gestielt, oberseits glänzend dunkelgrün, unterseits heller und haben gezähnte Ränder. Die eiförmige, bis 1,2 cm lange Frucht reift von Grün über Rot zu Schwarz.

MERKMALE: *Die duftenden Blüten öffnen sich an bis zu 25 cm langen Blütenständen.*

HÖHE *10 m.* **AUSBREITUNG** *10 m.*
RINDE *Dunkel graubraun und glatt.*
BLÜTEZEIT *Mitte des Sommers.*
VORKOMMEN *Waldland in Südosteuropa, ssp.* azorica *auf den Azoren.*
ÄHNLICHE ARTEN *Kirschlorbeer (oben), der grün gestielte Blätter und im Frühjahr kürzere Blütenstände hat.*

MERKMALE: *Die duftenden weißen Blüten stehen in einer charakteristischen Anordnung von bis zu 10 Blüten.*

Felsen-Kirsche

Prunus mahaleb (Rosaceae)

Dieser kleine Baum hat einen offenen Wuchs und wächst oft strauchförmig. Die jungen Zweige sind mit klebrigen Haaren besetzt. Die wechselständigen, breit eiförmigen bis fast runden, leicht gezähnten Blätter enden in kurzen, abgesetzten Spitzen. Sie sind oberseits glänzend dunkelgrün, unterseits an den Adern behaart und färben sich im Herbst gelb. Die becherförmigen weißen Blüten öffnen sich in länglichen Blütenständen, nachdem die Blätter erschienen sind. Die Blüten haben fünf Blütenblätter, ihnen folgen kleine, runde bis eiförmige, bittere rote Kirschen, die schwarz reifen. Diese Kirsche ist die Stammart vieler Sorten, auch solcher mit herabhängenden Zweigen oder gelben Früchten.

ANMERKUNG

Im Nahen Osten nutzt man die Samen, um Getränke, Gebäck und Brot zu würzen. Auch medizinische Säfte werden daraus gemacht.

HÖHE *10 m.* **AUSBREITUNG** *10 m.*
RINDE *Graubraun.*
BLÜTEZEIT *Frühjahr.*
VORKOMMEN *Wälder und trockene Berghänge; stammt aus Mittel- und Südeuropa.*
ÄHNLICHE ARTEN *Sauer-Kirsche (S. 177) mit schwarzen, essbaren Früchten; kommt in Europa als Kulturpflanze in Gärten und Obsthainen vor, verwildert gelegentlich.*

Gewöhnliche Traubenkirsche

Prunus padus (Rosaceae)

Dieser Baum ist kegelförmig, wenn er jung ist, und wird im Alter ausladend. Die Blätter sind gezähnt und tragen eine kurze Spitze. Sie sind oberseits mattgrün und färben sich im Herbst rot oder gelb. Den Blüten folgen runde oder ovale, bittere, glänzend schwarze Früchte, die etwa 8 mm lang sind.

MERKMALE: *Die weißen, duftenden Blüten stehen in schlanken Blütenständen.*

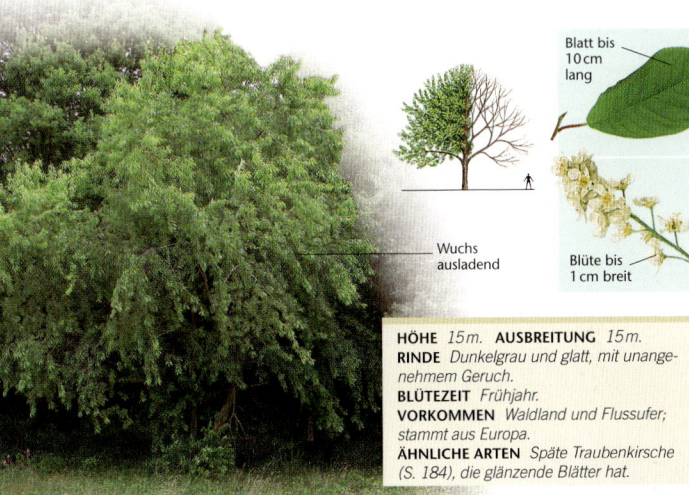

HÖHE *15 m.* **AUSBREITUNG** *15 m.*
RINDE *Dunkelgrau und glatt, mit unangenehmem Geruch.*
BLÜTEZEIT *Frühjahr.*
VORKOMMEN *Waldland und Flussufer; stammt aus Europa.*
ÄHNLICHE ARTEN *Späte Traubenkirsche (S. 184), die glänzende Blätter hat.*

Pfirsich

Prunus persica (Rosaceae)

Dieser Baum mit glatten Zweigen hat lanzenförmige, fein gezähnte Blätter, die eine Spitze tragen. Die kurz gestielten rosafarbenen oder manchmal weißen Blüten stehen einzeln oder in Paaren an den kahlen Zweigen, bevor die Blätter erscheinen. Die Frucht enthält einen Stein mit Gruben und Furchen, der einen weißen Samen enthält. Die Sorte *nectarina* (Nektarine) hat Früchte mit glatter Haut.

MERKMALE: *Die süße Frucht ist orangegelb mit roter Tönung und samtig behaart.*

HÖHE *8 m.* **AUSBREITUNG** *10 m.*
RINDE *Dunkel graubraun, bei alten Bäumen rissig.*
BLÜTEZEIT *Zeitiges Frühjahr.*
VORKOMMEN *Kultiviert; in Europa verwildert.*
ÄHNLICHE ARTEN *Aprikose (S. 174), gerundete Blätter, kleinere Früchte; Mandelbaum (S. 179), trockene Früchte.*

MERKMALE: *Die rosafarbenen Blüten öffnen sich an ungestielten Blütenständen.*

Berg-Kirsche

Prunus sargentii (Rosaceae)

Die jungen Zweige dieses ausladenden Baums sind glatt und rötlich. Die gezähnten Blätter sind eiförmig und unterhalb der ausgezogenen Spitze am breitesten. Sie sind bronzefarben, wenn sie jung sind, werden später oberseits dunkelgrün und färben sich im Herbst orangefarben oder rot. Die Blüten öffnen sich, wenn die jungen Blätter erscheinen, ihnen folgen runde bis eiförmige violettschwarze Früchte.

HÖHE *15 m.*
AUSBREITUNG *15 m.*
RINDE *Rotbraun mit waagrechten Streifen.*
BLÜTEZEIT *Frühjahr.*
VORKOMMEN *Kultiviert (wird in Parks und Gärten gepflanzt); stammt aus Japan.*
ÄHNLICHE ARTEN *Japanische Zierkirschen (S. 180), die gestielte Blütenstände haben.*

MERKMALE: *Die weißen Blüten öffnen sich in hängenden Blütenständen.*

Späte Traubenkirsche

Prunus serotina (Rosaceae)

Dieser Baum hat einen unregelmäßigen Wuchs und schlanke Zweige. Die wechselständigen, ei- bis lanzenförmigen Blätter sind fein gezähnt. Sie sind oberseits glänzend dunkelgrün und färben sich im Herbst gelb oder rot. Den Blütenständen folgen runde, essbare Früchte, die von Rot zu Schwarz reifen.

HÖHE *20 m.*
AUSBREITUNG *15 m.*
RINDE *Glatt, dunkelgrau, im Alter gefurcht.*
BLÜTEZEIT *Spätes Frühjahr bis Frühsommer.*
VORKOMMEN *Kultiviert; stammt aus Nordamerika.*
ÄHNLICHE ARTEN *Gewöhnliche Traubenkirsche (S. 183), die mattgrüne Blätter hat.*

Mahagoni-Kirsche

Prunus serrula (Rosaceae)

Die jungen Zweige der Mahagoni-Kirsche sind mit kurzen Haaren bedeckt. Die lanzenförmigen Blätter sind fein gezähnt und enden in einer lang ausgezogenen Spitze. Sie sind oberseits mattgrün, auf den Adern unterseits weiß behaart. Die kurz gestielten Blüten öffnen sich einzeln oder in Büscheln von bis zu dreien, wenn die jungen Blätter erscheinen. Ihnen folgen eiförmige Früchte, die rot reifen.

MERKMALE: *Die rotbraune Rinde ist mit Lentizellen gebändert und schält sich in waagrechten Streifen.*

HÖHE *15 m.* **AUSBREITUNG** *18 m.*
RINDE *Glänzend rotbraun und glatt; schält sich in waagrechten Streifen.*
BLÜTEZEIT *Frühjahr.*
VORKOMMEN *Kultiviert; stammt aus Westchina.*
ÄHNLICHE ARTEN *Keine – die Rinde ist unter den* Prunus-*Arten einzigartig.*

Gewöhnliche Schlehe

Prunus spinosa (Rosaceae)

Die Gewöhnliche Schlehe ist eher ein Strauch als ein Baum und hat dornige Zweige. Die kleinen, gezähnten Blätter sind an den Enden am breitesten. Sie sind oberseits dunkelgrün und unterseits behaart, wenn sie jung sind. Die kleinen weißen Blüten stehen meist einzeln und öffnen sich, bevor die Blätter erscheinen.

MERKMALE: *Die blauschwarzen Schlehenfrüchte sind weiß bereift und schmecken bitter.*

HÖHE *5 m.* **AUSBREITUNG** *6 m.*
RINDE *Dunkel grauschwarz.*
BLÜTEZEIT *Frühjahr.*
VORKOMMEN *Dickichte, Waldränder und Hecken in ganz Europa.*
ÄHNLICHE ARTEN *Kirschpflaume (S. 176), die früher blüht und essbare, pflaumenähnliche Früchte hat.*

MERKMALE: *Die rosafarbenen Knospen öffnen sich zu rosafarbenen oder weißen Blüten mit fünf gekerbten Blütenblättern.*

Frühjahrs-Kirsche

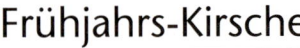

Prunus x *subhirtella* (Rosaceae)

Dieser ausladende Baum hat rötliche junge Zweige. Die ei- bis lanzenförmigen Blätter sind scharf gezähnt und laufen spitz zu. Sie sind bronzefarben, wenn sie sich entfalten, und färben sich später dunkelgrün. Die Blüten öffnen sich in kleinen Blütenständen, ihnen folgen glänzend schwarze Früchte. Die in Gärten beliebtesten Sorten sind 'Autumnalis' mit halb gefüllten, hellrosa Blüten, die weiß verblassen, und 'Autumnalis Rosea' mit halb gefüllten, tiefrosa Blüten, die hellrosa verblassen.

HÖHE *6 m.*
AUSBREITUNG *8 m.*
RINDE *Glatt und graubraun, mit waagrechten Bändern.*
BLÜTEZEIT *Später Herbst, im Winter und Frühjahr während milder Perioden.*
VORKOMMEN *Wird in Parks und Gärten gepflanzt; stammt aus Japan.*
ÄHNLICHE ARTEN *Keine.*

ANMERKUNG

Dieser Baum ist eine japanische Hybridform aus der März-Kirsche (Prunus incisa) *und* Prunus pendula. *Die Sorten mit halb gefüllten Blüten sind beliebte Gartenbäume.*

Mandelblättrige Birne

Pyrus amygdaliformis (Rosaceae)

Die Zweige dieses oft strauchförmigen Baums sind mit grauen Haaren bedeckt, wenn sie jung sind, und oft dornig. Die schmal eiförmigen bis länglichen Blätter sind fein gezähnt oder ungezähnt. Wenn sie jung sind, sind sie oberseits mit weißen Haaren bedeckt, später glänzend dunkelgrün. Den Blüten folgen runde, gelbbraune Früchte.

MERKMALE: *Die weißen Blüten mit fünf Blütenblättern haben orangefarbene Staubblätter.*

HÖHE *6 m.*
AUSBREITUNG *8 m.*
RINDE *Grau, springt in kleine Ecken auf.*
BLÜTEZEIT *Frühjahr.*
VORKOMMEN *Trockene, steinige Standorte; stammt aus dem östlichen Mittelmeergebiet.*
ÄHNLICHE ARTEN *Weiden-Birne (S. 190), die stärker behaarte Blätter hat.*

Pyrus calleryana

Pyrus calleryana (Rosaceae)

Die Zweige dieses breit kegelförmigen Baums sind behaart, wenn sie jung sind, und werden später kahl. Die wechselständigen, breit eiförmigen Blätter haben manchmal gewellte Ränder und färben sich spät im Herbst rotviolett. Die weißen Blüten stehen in bis zu 12 cm breiten Blütenständen, wenn die jungen Blätter sich entfalten. 'Chanticleer' ist eine beliebte Sorte mit sehr schmaler Krone.

MERKMALE: *Die runden bis birnenförmigen Früchte sind braun mit weißen Flecken.*

HÖHE *15 m.* **AUSBREITUNG** *12 m.*
RINDE *Dunkelgrau, im Alter rissig und schuppig.*
BLÜTEZEIT *Frühjahr.*
VORKOMMEN *Wird in Parks, Gärten und Straßen gepflanzt; stammt aus China.*
ÄHNLICHE ARTEN *Garten-Birnbaum (S. 188), der viel größere Früchte hat.*

MERKMALE: *Die süßen, essbaren Birnen sind grün oder gelb und oft rot getönt.*

Garten-Birnbaum

Pyrus communis (Rosaceae)

Dieser breit kegelförmige bis säulenförmige Baum hat kräftige Zweige, die manchmal Dornen tragen. Die wechselständigen, breit eiförmigen Blätter sind behaart, wenn sie jung sind, später werden sie kahl. Sie sind oberseits glänzend dunkelgrün, fein gezähnt, an der Basis herzförmig und enden in einer abgesetzten Spitze. Die weißen Blüten mit rosafarbenen Staubblättern sind 2,5 cm breit und stehen in Büscheln, wenn die Blätter sich entfalten. Ihnen folgen die charakteristischen Früchte, die in Größe, Form und Farbe variieren.

ANMERKUNG

Diese Art ist wahrscheinlich eine Hybridform aus mehreren europäischen Arten. Die vielen Gartensorten werden häufig gepflanzt.

HÖHE *15 m.*
AUSBREITUNG *12 m.*
RINDE *Dunkelgrau, springt an alten Bäumen in kleine Ecken auf.*
BLÜTEZEIT *Frühjahr.*
VORKOMMEN *Nur in Kultur bekannt (wird in Gärten und Obsthainen gepflanzt), verwildert gelegentlich.*
ÄHNLICHE ARTEN Pyrus cordata *(rechts) mit kleineren Früchten und glatterer Rinde; Wild-Birne (S. 190) mit kleineren Früchten.*

Pyrus cordata

Pyrus cordata (Rosaceae)

Dieser kleine Baum wächst oft strauchförmig und hat manchmal dornige Zweige. Die wechselständigen, breit eiförmigen, glänzend grünen Blätter sind fein gezähnt und fast glatt, wenn sie jung sind. Die weißen Blüten stehen in Büscheln, wenn die Blätter sich entfalten. Die Früchte sind rundlich oder typisch birnenförmig und bis zu 2 cm lang.

MERKMALE: *Die Rinde ist glatter und dünner als die des Garten-Birnbaums (links).*

HÖHE *8 m.* **AUSBREITUNG** *6 m.*
RINDE *Graubraun.*
BLÜTEZEIT *Frühjahr.*
VORKOMMEN *Wälder und Hecken; stammt aus Westeuropa.*
ÄHNLICHE ARTEN *Garten-Birnbaum (links), der viel größere Früchte mit noch bestehenden Kelchblättern hat.*

Schnee-Birne

Pyrus nivalis (Rosaceae)

Die kräftigen, meist dornenlosen jungen Triebe, die neuen Blätter und die Blütenstiele dieses Baums sind dicht mit feinen weißen Haaren bedeckt, die der Art ihren Namen gaben. Die wechselständigen, leicht gewellten und ungezähnten eiförmigen Blätter werden später kahler und graugrün. Die weißen Blüten öffnen sich in Blütenständen.

MERKMALE: *Die runden, gelbgrünen Früchte reifen süß, trotzdem werden sie selten gegessen.*

HÖHE *8 m.* **AUSBREITUNG** *8 m.*
RINDE *Grau, springt bei alten Bäumen auf.*
BLÜTEZEIT *Frühjahr.*
VORKOMMEN *Wälder und trockene Hänge; stammt aus Süd- und Mitteleuropa.*
ÄHNLICHE ARTEN P. eleagnifolia *ist ein kleinerer, dorniger Baum mit schmäleren Blättern und kleineren Früchten.*

MERKMALE: *Die weißen, bis 3 cm breiten Blüten öffnen sich in Büscheln zwischen den Blättern.*

Wild-Birne

Pyrus pyraster (Rosaceae)

Die breit kegelförmige Wild-Birne ist eine der Stammarten des Garten-Birnbaums (S. 188). Die Zweige sind oft dornig, die eiförmigen bis runden Blätter wechselständig, fein gezähnt und zugespitzt. Den weißen Blüten folgen kleine, harte, essbare Birnen. Diese Art wird oft nicht von dem Kultur-Birnbaum unterschieden.

HÖHE *20 m.* **AUSBREITUNG** *12 m.*
RINDE *Dunkelgrau, springt im Alter auf.*
BLÜTEZEIT *Frühjahr.*
VORKOMMEN *Wälder und Dickichte, von Frankreich bis Osteuropa.*
ÄHNLICHE ARTEN *Kultur-Birnbaum (S. 188) mit größeren Früchten;* P. bourgaeana *mit kleineren Blüten und breiteren Blättern.*

MERKMALE: *Den Blüten folgen kleine, harte, grüne Birnenfrüchte.*

Weiden-Birne

Pyrus salicifolia 'Pendula' (Rosaceae)

Die Zweige dieses Baums mit herabhängenden Ästen sind unbedornt und weiß behaart, wenn sie jung sind. Die lanzenförmigen, ungezähnten Blätter laufen an beiden Enden spitz zu. Sie sind anfangs dicht mit weißen Haaren bedeckt und werden oberseits kahl und dunkelgrün. Die cremeweißen Blüten öffnen sich in dichten Büscheln, wenn die Blätter erscheinen.

HÖHE *8 m.*
AUSBREITUNG *8 m.*
RINDE *Graubraun, springt im Alter in eckige Platten auf.*
BLÜTEZEIT *Frühjahr.*
VORKOMMEN *In Gärten gepflanzt.*
ÄHNLICHE ARTEN P. elaeagnifolia, *die bedornt ist, mit etwas breiteren Blättern.*

Gewöhnliche Mehlbeere

Sorbus aria (Rosaceae)

Dieser Baum ist kegelförmig, wenn er jung ist. Die Zweige sind anfangs mit weißen Haaren bedeckt und werden später kahl. Die wechselständigen, eiförmigen Blätter sind scharf gezähnt. Sie sind auf beiden Seiten weiß behaart, wenn sie jung sind, und werden später kahl und oberseits glänzend dunkelgrün. Den weißen Blüten folgen runde, leuchtend rote Früchte, die mit hellen Lentizellen gefleckt sind. *S. aria* 'Lutescens' ist eine beliebte Gartensorte mit silbernen jungen Blättern. Manche Sorten, wie 'Majestica,' haben 10–15 cm lange Blätter.

MERKMALE: *Die Blüten mit zahlreichen weißen Staubblättern öffnen sich in flachen Blütenständen.*

HÖHE *20 m.* **AUSBREITUNG** *20 m.*
RINDE *Grau und glatt, springt bei alten Bäumen in Furchen auf.*
BLÜTEZEIT *Spätes Frühjahr bis Frühsommer.*
VORKOMMEN *In Wäldern und offenen Gebieten in Europa verbreitet; auf durchlässigen, v. a. alkalischen Böden; wird häufig in Parks und als Straßenbaum gepflanzt.*
ÄHNLICHE ARTEN *Griechische Mehlbeere (S. 192) und* S. rupicola *(S. 196), deren Blätter über der Mitte am breitesten sind.*

ANMERKUNG

In den meisten Regionen ist dies die häufigste Sorbus*-Art mit ungelappten Blättern. Sie ist ihrer Blätter und Früchte wegen beliebt.*

MERKMALE: *Die Früchte reifen von Grün zu Rot und sind mit Lentizellen gefleckt.*

Österreichische Mehlbeere

Sorbus austriaca (Rosaceae)

Dieser Baum ist kegelförmig, wenn er jung ist, und wird später rundkronig. Die wechselständigen Blätter sind oberseits glänzend dunkelgrün, unterseits grau behaart. Sie sind eiförmig und außer am Grund leicht gelappt. Die weißen Blüten mit rosafarbenen Staubbeuteln stehen in Büscheln an den Enden der Triebe.

HÖHE *10 m.*
AUSBREITUNG *8 m.*
RINDE *Grau und glatt.*
BLÜTEZEIT *Spätes Frühjahr bis Frühsommer.*
VORKOMMEN *Gebirgswälder in Osteuropa, von den Ostalpen bis zum Balkan.*
ÄHNLICHE ARTEN *Vogesen-Mehlbeere (S. 195), die längere Blätter hat.*

MERKMALE: *Die Blätter sind ledrig und eiförmig bis fast rund.*

Griechische Mehlbeere

Sorbus graeca (Rosaceae)

Dieser rundkronige Baum wächst oft strauchförmig mit mehreren Stämmen. Die wechselständigen, scharf gezähnten Blätter sind oberseits glänzend dunkelgrün, unterseits grünlich weiß und dicht behaart. Die weißen Blüten mit je fünf Kronblättern und zahlreichen weißen Staubblättern öffnen sich in Büscheln an den Enden der Zweige, ihnen folgen runde, leuchtend rote Früchte mit wenigen Lentizellen.

HÖHE *8 m.* **AUSBREITUNG** *8 m.*
RINDE *Grau und glatt.*
BLÜTEZEIT *Spätes Frühjahr.*
VORKOMMEN *Wälder in Osteuropa.*
ÄHNLICHE ARTEN Sorbus rupicola *(S. 196) mit unterschiedlicher Verbreitung und stärker gefleckten Früchten;* S. umbellata *mit leicht gelappten, unterseits behaarten Blättern.*

Schwedische Mehlbeere

Sorbus intermedia (Rosaceae)

Dieser kräftige, breit säulenförmige bis rundkronige Baum hat behaarte junge Zweige, die bald kahl werden. Die wechselständigen Blätter sind auf jeder Seite in bis zu sieben Lappen eingebuchtet, die zur Spitze hin kleiner werden. Sie sind oberseits glänzend dunkelgrün, unterseits graugrün behaart. Die weißen Blüten mit fünf Blütenblättern stehen im späten Frühjahr in dichten, 10 cm breiten Blütenständen. Ihnen folgen leuchtend rote Beeren, die in Büscheln am Baum hängen.

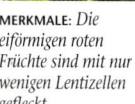

MERKMALE: *Die eiförmigen roten Früchte sind mit nur wenigen Lentizellen gefleckt.*

Wuchs breit säulenförmig bis rundkronig

Blatt bis 12 cm lang

Frucht bis 1,5 cm lang

ANMERKUNG

Diese Art sieht man in Parks häufig. Sie ist apomiktisch, das heißt, aus den Samen gehen genetisch identische Pflanzen hervor.

HÖHE *15 m.*
AUSBREITUNG *15 m.*
RINDE *Grau und glatt, springt bei alten Bäumen auf.*
BLÜTEZEIT *Spätes Frühjahr.*
VORKOMMEN *Wälder in Nordwesteuropa.*
ÄHNLICHE ARTEN *Vogesen-Mehlbeere (S. 195), die runde Früchte, weniger tief gelappte, längere Blätter und eine unterschiedliche Verbreitung hat.*

MERKMALE: *Die weißen Blüten stehen in abgeflachten Blütenständen.*

Breitblättrige Mehlbeere

Sorbus latifolia (Rosaceae)

Dieser Baum hat behaarte junge Triebe, die später kahl und glänzend werden. Die breit eiförmigen Blätter sind so breit wie lang und an den Rändern in kleine, gezähnte Lappen eingeschnitten. Sie sind oberseits glänzend dunkelgrün, unterseits mit grauen Haaren bedeckt und färben sich im Herbst gelb. Den Büscheln weißer Blüten folgen runde, bräunlich rote Früchte mit auffälligen Lentizellen. Eventuell handelt es sich um eine Hybridform zwischen der Gewöhnlichen Mehlbeere (S. 191) und der Elsbeere (S. 196).

HÖHE *15 m.* **AUSBREITUNG** *12 m.*
RINDE *Grau und glatt, im Alter aufgesprungen und schuppig.*
BLÜTEZEIT *Spätes Frühjahr.*
VORKOMMEN *Wälder in Südwesteuropa.*
ÄHNLICHE ARTEN *Diese Art ist eine von vielen der Gattung, die als apomiktisch bezeichnet werden: Das bedeutet, dass aus den Samen identische Jungpflanzen hervorgehen, anders als bei anderen Bäumen, die genetisch variabel sind. Einige dieser Arten sind schwer zu unterscheiden.*

ANMERKUNG

Viele ähnliche Bäume, auch Hybridformen zwischen der Elsbeere und der Mehlbeere oder verwandten Arten, wurden in verschiedenen Teilen Europas beschrieben. Sie variieren leicht in der Form der Blätter und der Größe und Farbe der Früchte.

Vogesen-Mehlbeere

Sorbus mougeotii (Rosaceae)

Dieser rundkronige Baum ist kegelförmig, wenn er jung ist, oder wächst strauchförmig. Er hat wechselständige, eiförmige Blätter mit flachen, gezähnten Lappen. Sie sind auf beiden Seiten behaart, wenn sie jung sind, und werden oberseits glänzend dunkelgrün und kahl, unterseits dicht grauweiß behaart. Die weißen Blüten öffnen sich in Büscheln, ihnen folgen runde rote Früchte mit wenigen kleinen Lentizellen.

MERKMALE: *Die graubraune Rinde ist unauffällig mit waagrechten Lentizellen gezeichnet.*

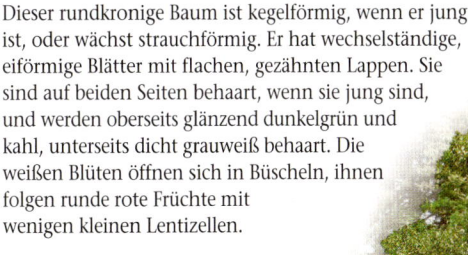

HÖHE *20 m.* **AUSBREITUNG** *15 m.*
RINDE *Graubraun und glatt.*
BLÜTEZEIT *Spätes Frühjahr.*
VORKOMMEN *Gebirgswälder der westlichen Alpen und Pyrenäen.*
ÄHNLICHE ARTEN *Österreichische Mehlbeere (S. 192), die breitere Blätter und Früchte mit auffälligen Lentizellen hat.*

Sorbus norvegica

Sorbus norvegica (Rosaceae)

Diese Art ist manchmal ein kleiner Baum, meist jedoch ein aufrechter bis ausladender Strauch. Die breit eiförmigen Blätter mit grau behaarten Blattstielen sind oberhalb der Mitte scharf gezähnt und laufen am Grund spitz zu. Sie sind oberseits glänzend dunkelgrün und unterseits mit weißen Haaren bedeckt. Die weißen Blüten öffnen sich in Büscheln, ihnen folgen runde rote Früchte.

MERKMALE: *Die weißen Blüten haben fünf Blütenblätter und viele weiße Staubblätter.*

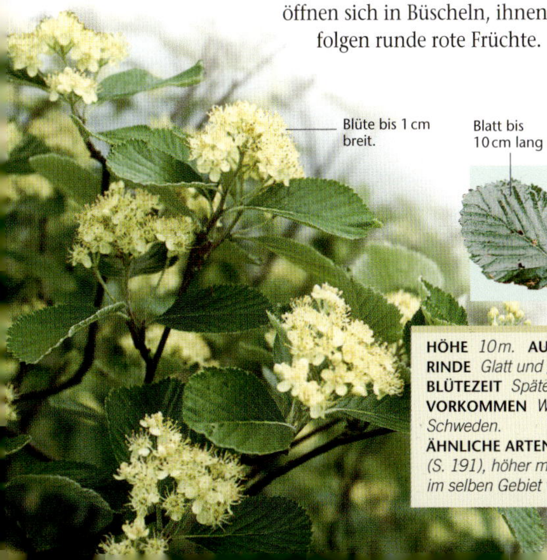

HÖHE *10 m.* **AUSBREITUNG** *10 m.*
RINDE *Glatt und grau.*
BLÜTEZEIT *Spätes Frühjahr.*
VORKOMMEN *Wälder in Norwegen und Schweden.*
ÄHNLICHE ARTEN *Gewöhnliche Mehlbeere (S. 191), höher mit größeren Blättern; kann im selben Gebiet vorkommen.*

MERKMALE: *Kommt typischerweise in Gebirgsregionen in Nordeuropa an felsigen Standorten vor.*

Sorbus rupicola

Sorbus rupicola (Rosaceae)

Diese Art wächst zu einem Busch oder kleinen, ausladenden Baum heran. Die Blätter sind oberhalb der Mitte am breitesten, oberseits glänzend dunkelgrün und anfangs leicht behaart, unterseits dicht weiß behaart. Die weißen Blüten stehen in kleinen Blütenständen. Ihnen folgen runde rote Früchte, die mit zahlreichen kleinen Lentizellen gefleckt sind.

HÖHE *5 m.* **AUSBREITUNG** *4 m.*
RINDE *Grau und glatt.*
BLÜTEZEIT *Spätes Frühjahr.*
VORKOMMEN *Kalksteinfelsen; stammt aus Nordeuropa.*
ÄHNLICHE ARTEN *Einige seltene* Sorbus-*Arten sind ähnlich, haben aber oft gelappte Blätter und sind viel größer.*

MERKMALE: *Die dunkelbraune Rinde springt bei alten Bäumen in Platten auf.*

Elsbeere

Sorbus torminalis (Rosaceae)

Dieser Baum hat eine breit säulenförmige Krone und glänzend braune Zweige, die behaart sind, wenn sie jung sind. Die ahornähnlichen Blätter sind tief in gezähnte Lappen eingeschnitten. Sie sind oberseits glänzend grün und färben sich im Herbst gelb, rot und violett. Die weißen Blüten öffnen sich in flachen Blütenständen, ihnen folgen runde bis eiförmige rostbraune Früchte.

HÖHE *20 m.*
AUSBREITUNG *15 m.*
RINDE *Dunkelbraun, springt im Alter in schuppige Platten auf.*
BLÜTEZEIT *Spätes Frühjahr bis Frühsommer.*
VORKOMMEN *Wälder; stammt aus Europa.*
ÄHNLICHE ARTEN *Keine.*

Silber-Pappel

Populus alba (Salicaceae)

Dieser Baum ist breit säulenförmig und im Alter ausladend, die jungen Zweige sind dicht mit weißen Haaren bedeckt. Die wechselständigen Blätter haben runde Blattstiele. Wenn sie jung sind, tragen sie eine dichte Schicht weißer Haare auf beiden Seiten, später werden sie dunkelgrün und oberseits kahl. An kräftigen Trieben sind sie tief gelappt, die größeren Lappen gezähnt. Anderswo am Baum sind sie nur leicht gelappt. Männliche und weibliche Blüten sitzen in hängenden Kätzchen an verschiedenen Pflanzen, die männlichen sind grau mit roten Staubblättern, die weiblichen grün. Die kleinen, grünen Fruchtkapseln öffnen sich, um winzige, behaarte Samen zu entlassen.

MERKMALE: *Die Blätter sind unterseits dicht weiß behaart, wenn sie jung sind, auch oberseits; an kräftigen Trieben haben sie drei bis fünf Lappen.*

ANMERKUNG

Dieser Baum bildet viele Schösslinge, oft in einiger Entfernung zum Elternbaum. An ihnen sieht man die ahornähnlichen Blätter besonders gut.

HÖHE *30 m.* **AUSBREITUNG** *20 m.*
RINDE *Hellgrau, an der Basis dunkel und rissig.*
BLÜTEZEIT *Zeitiges Frühjahr.*
VORKOMMEN *Wälder; stammt aus Europa.*
ÄHNLICHE ARTEN *Grau-Pappel (S. 198), die auch an kräftigen Trieben ungelappte Blätter hat. Diese haben längere, flache Stiele und sind unterseits weniger auffallend weiß, manchmal kahl; Espe (S. 200), die abgeflachte Blattstiele hat.*

Bastard-Schwarz-Pappel

Populus x *canadensis* (Salicaceae)

Einige Sorten dieses kräftigen Baums mit breit säulenförmiger Krone, wie 'Robusta', werden häufig gepflanzt. Die breit eiförmigen bis fast dreieckigen Blätter sind an kräftigen Trieben länger. Sie sind oft bronzerot, haben anfangs behaarte Ränder und werden später oberseits glänzend dunkelgrün. Die grünen Fruchtkapseln entlassen behaarte Samen.

MERKMALE: *Hängende männliche Kätzchen und grüne weibliche erscheinen an verschiedenen Bäumen.*

Blatt bis 10 cm lang

Rinde hellgrau

Wuchs breit säulenförmig

HÖHE *30 m.*
AUSBREITUNG *20 m.*
RINDE *Hellgrau, tief gefurcht.*
BLÜTEZEIT *Zeitiges Frühjahr.*
VORKOMMEN *Nur in Kultur bekannt.*
ÄHNLICHE ARTEN *Schwarz-Pappel (rechts), die unbehaarte Blattränder hat.*

Grau-Pappel

Populus x *canescens* (Salicaceae)

Dieser Baum verbreitet sich mit Schösslingen an der Basis. Die jungen Triebe sind mit weißen Haaren bedeckt. Die rundlichen Blätter sind gezähnt oder leicht gelappt. Sie sind auf beiden Seiten behaart, wenn sie jung sind, und werden später fast kahl. Die meisten Bäume sind männlich und tragen Blüten mit roten Staubblättern in hängenden Kätzchen.

MERKMALE: *Die hellgraue Rinde mit rautenförmiger Zeichnung wird später dunkelbraun und gefurcht.*

Wuchs säulenförmig

Blatt bis 8 cm lang

HÖHE *30 m.* **AUSBREITUNG** *20 m.*
RINDE *Hellgrau mit rautenförmiger Zeichnung, später dunkelbraun und gefurcht.*
BLÜTEZEIT *Spätes Frühjahr.*
VORKOMMEN *Wälder und Täler in Europa.*
ÄHNLICHE ARTEN *Silber-Pappel (S. 197) mit unterseits behaarten Blättern; Espe (S. 200) mit kahlen Blättern.*

Karolina-Pappel

Populus deltoides (Salicaceae)

Dieser kräftige Baum hat klebrige, aromatisch duftende Blattknospen. Die Blätter sind breit eiförmig bis dreieckig und tragen an den Rändern zahlreiche kleine Haare. Sie sind oberseits glänzend grün und auf beiden Seiten kahl. Die männlichen Blütenkätzchen haben rote Staubblätter, die weiblichen sind grün. Die grünen Früchte öffnen sich, um Samen mit weißen Haaren zu entlassen.

MERKMALE: *Die weiblichen Kätzchen werden länger, wenn sich Früchte bilden.*

HÖHE *30 m.* **AUSBREITUNG** *20 m.*
RINDE *Hellgrau und tief gefurcht.*
BLÜTEZEIT *Zeitiges Frühjahr.*
VORKOMMEN *Kultiviert, verwildert gelegentlich; stammt aus Nordamerika.*
ÄHNLICHE ARTEN *Bastard-Schwarz-Pappel (links) mit kleineren Blättern; Schwarz-Pappel (unten) mit unbehaarten Blättern.*

Schwarz-Pappel

Populus nigra (Salicaceae)

Die Schwarz-Pappel ist ein hoher, ausladender Baum. Die breit eiförmigen bis dreieckigen, fein gezähnten Blätter sind zugespitzt und an den Rändern nicht behaart. Sie sind bronzefarben, wenn sie jung sind, und werden glänzend dunkelgrün. Die Blüten sitzen in hängenden Kätzchen an verschiedenen Bäumen, die männlichen haben rote Staubblätter, die weiblichen sind grün.

MERKMALE: *Die kleinen Früchte öffnen sich, um behaarte Samen zu entlassen.*

HÖHE *30 m.* **AUSBREITUNG** *25 m.*
RINDE *Dunkelgrau und tief gefurcht.*
BLÜTEZEIT *Zeitiges Frühjahr.*
VORKOMMEN *Flusstäler in Europa, oft kultiviert; stammt aus Europa.*
ÄHNLICHE ARTEN *Bastard-Schwarz-Pappel (links) und Karolina-Pappel (oben) mit an den Rändern behaarten jungen Blättern.*

MERKMALE: *Die männlichen Kätzchen mit roten Staubblättern hängen im Frühjahr an den kahlen Zweigen.*

Espe

Populus tremula (Salicaceae)

Die Espe oder Zitter-Pappel ist anfangs kegelförmig und wird im Alter ausladend. Sie wächst oft auf nährstoffarmen Böden und bildet große Bestände, da sie sich mit Wurzelausläufern verbreitet. Die runden bis breit eiförmigen Blätter an flachen Stielen haben abgerundete Zähne. Die jungen Blätter sind bronzefarben und behaart, später werden sie oberseits graugrün, unterseits heller und auf beiden Seiten kahl. Im Herbst färben sie sich gelb. Die hängenden männlichen und weiblichen Blütenkätzchen erscheinen an verschiedenen Bäumen, die männlichen sind grau, die weiblichen grün. Die kleinen grünen Früchte öffnen sich und entlassen Samen mit weißen Haaren.

ANMERKUNG

Die langen, flachen Blattstiele lassen die Blätter bei der leichtesten Brise zittern. Das raschelnde Geräusch ist typisch für Espen oder Zitter-Pappeln.

HÖHE *20 m.*
AUSBREITUNG *15 m.*
RINDE *Glatt und grau, an der Basis alter Bäume dunkler und gefurcht.*
BLÜTEZEIT *Zeitiges Frühjahr.*
VORKOMMEN *Feuchte Wälder und Hügelland in ganz Europa, im Süden des Verbreitungsgebiets im Gebirge.*
ÄHNLICHE ARTEN *Grau-Pappel (S. 196), deren Blätter unterseits mit grauen Haaren bedeckt sind.*

Silber-Weide

Salix alba (Salicaceae)

Diese an Gewässern häufige Weide ist kräftig und ausladend und hat oft herabhängende Zweige. Die schlanken, lanzenförmigen, fein gezähnten Blätter sind lang und zugespitzt. Wenn sie jung sind, sind sie unterseits seidig behaart, später werden sie oberseits dunkelgrün und unterseits blaugrün. Die kleinen Blüten stehen in Kätzchen, wenn die Blätter erscheinen. Die männlichen sind gelb, die weiblichen grün, sie erscheinen an verschiedenen Bäumen. Die kleinen grünen Früchte öffnen sich, um behaarte Samen zu entlassen. *Salix alba* 'Britzensis' hat im Winter orangerote Zweige.

MERKMALE: *Beim leichtesten Wind sind die blaugrünen Unterseiten der langen, schmalen Blätter zu sehen.*

HÖHE *25m.*
AUSBREITUNG *20m.*
RINDE *Graubraun, im Alter mit tiefen Rissen.*
BLÜTEZEIT *Frühjahr.*
VORKOMMEN *Flussufer und Wiesen in ganz Europa, wird häufig gepflanzt.*
ÄHNLICHE ARTEN *Bruch-Weide (S. 203), die größere, unterseits glatte Blätter hat. Die Zweige brechen leicht ab.*

ANMERKUNG

Die Silber-Weide wird gekappt, damit sie neue Triebe hervorbringt. Das Holz von Salix alba *var.* caerulea *ist hoch geschätzt, aus ihm werden Kricketschläger hergestellt.*

MERKMALE: *Die männlichen Kätzchen sind silberweiß mit gelben Staubblättern, die weiblichen grün.*

Sal-Weide

Salix caprea (Salicaceae)

Dieser Busch oder kleine Baum ist aufrecht, wenn er jung ist, und wird später ausladend. Er hat weit unten am Stamm Äste oder mehrere Stämme. Die Zweige sind unter der Rinde nicht gefurcht. Die eiförmigen, gezähnten Blätter sind auf beiden Seiten behaart, wenn sie jung sind, oberseits werden sie später kahl. Die männlichen und weiblichen Blütenkätzchen stehen an getrennten Bäumen. Die kleinen Früchte öffnen sich, um behaarte Samen zu entlassen.

HÖHE *10 m.*
AUSBREITUNG *8 m.*
RINDE *Grau und glatt, bei alten Bäumen rissig.*
BLÜTEZEIT *Zeitiges Frühjahr.*
VORKOMMEN *Wälder und Hecken in ganz Europa.*
ÄHNLICHE ARTEN *Ohr-Weide* (S. aurita), *deren Zweige unter der Rinde gefurcht sind.*

MERKMALE: *Die schlanken, gezähnten Blätter sind oberseits glänzend dunkelgrün, unterseits blaugrün.*

Reif-Weide

Salix daphnoides (Salicaceae)

Dieser Baum ist anfangs kegelförmig, später ausladend, die jungen Zweige sind weiß bereift. Die jungen Blätter sind behaart und werden auf beiden Seiten kahl. Die Kätzchen sind seidig behaart, die männlichen haben gelbe Staubblätter. Die weiblichen sind grün und stehen an verschiedenen Bäumen. Die Frucht ist eine kleine grüne Kapsel, die behaarte Samen entlässt.

HÖHE *10 m.*
AUSBREITUNG *10 m.*
RINDE *Dunkelgrau, tief gefurcht.*
BLÜTEZEIT *Zeitiges Frühjahr.*
VORKOMMEN *Feuchte Standorte, wie nasse Wälder in Europa.*
ÄHNLICHE ARTEN *Keine – die bereiften Zweige sind charakteristisch.*

Bruch-Weide

Salix fragilis (Salicaceae)

Der Name dieser Weide kommt daher, dass die Zweige leicht abbrechen. Die Blätter sind anfangs seidig behaart und werden bald kahl. Männliche und weibliche Blütenkätzchen stehen an verschiedenen Bäumen. Die männlichen haben gelbe Staubblätter, die weiblichen sind grün. Die kleinen Früchte entlassen behaarte weiße Samen.

MERKMALE: *Die Blätter enden in einer feinen Spitze. Sie sind oberseits dunkel-, unterseits blaugrün.*

HÖHE *15m oder höher.*
AUSBREITUNG *15m.*
RINDE *Dunkelgrau, tief rissig.*
BLÜTEZEIT *Frühjahr.*
VORKOMMEN *Flussufer und Wiesen in Europa, wird häufig gepflanzt.*
ÄHNLICHE ARTEN *Silber-Weide (S. 201), seidige Blätter, Zweige brechen nicht leicht ab.*

Lorbeer-Weide

Salix pentandra (Salicaceae)

Die elliptischen bis schmal eiförmigen, leicht aromatischen Blätter dieses Baums ähneln denen des Lorbeerbaums (S. 146). Sie sind unterseits heller, fein gezähnt und enden in einer kurzen Spitze. Die Blüten stehen in Kätzchen, die männlichen sind dicht mit leuchtend gelben Staubblättern besetzt, die weiblichen sind grün und erscheinen an verschiedenen Bäumen. Die kleinen, grünen Fruchtkapseln entlassen die behaarten Samen.

MERKMALE: *Die gelben männlichen Kätzchen erscheinen nach den Blättern.*

HÖHE *15m.* **AUSBREITUNG** *15m.*
RINDE *Graubraun, rissig.*
BLÜTEZEIT *Frühsommer.*
VORKOMMEN *Flussufer und Wiesen in ganz Europa.*
ÄHNLICHE ARTEN *Die Blätter ähneln denen des Lorbeerbaums (S. 146), sonst ist der Baum sehr charakteristisch.*

MERKMALE: *Die hell graubraune Rinde ist bei alten Bäumen gefurcht.*

Trauer-Weide

Salix x *sepulcralis* 'Chrysocoma' (Salicaceae)

Dieser ausladende Baum hat eine runde Krone und lange, herabhängende, gelbe Zweige. Die schlanken, fein gezähnten Blätter enden in langen Spitzen. Sie sind anfangs leicht seidig behaart, später kahl und oberseits leuchtend grün, unterseits blaugrün. Die Blüten stehen in Kätzchen, die meisten sind männlich mit gelben Staubblättern, einige bestehen teilweise oder völlig aus weiblichen grünen Blüten. Die Frucht ist eine kleine grüne Kapsel, die sich öffnet, um behaarte Samen zu entlassen.

HÖHE *20 m.*
AUSBREITUNG *25 m.*
RINDE *Hellgrau und gefurcht.*
BLÜTEZEIT *Frühjahr.*
VORKOMMEN *Nur in Kultur bekannt.*
ÄHNLICHE ARTEN *Diese Art ist eine Hybridform aus der Silber-Weide (S. 201) und* S. babylonica. *Obwohl Letztere früher in Europa gepflanzt wurde, wurde sie mittlerweile durch die Trauer-Weide ersetzt.*

ANMERKUNG

Diese Weide ist eine der häufigsten Baumarten mit herabhängenden Zweigen und vor allem am Wasser ein gewohnter Anblick.

Blauglocken-Baum

Paulownia tomentosa (Scrophulariaceae)

Dieser Baum ist breit säulenförmig bis rundkronig und hat sehr kräftige Triebe, die behaart sind, wenn sie jung sind. Die gegenständigen Blätter sind groß und eiförmig mit herzförmigem Grund und einer Spitze, oft sind sie leicht fünflappig. Sie sind oberseits dunkelgrün und samtig, unterseits dicht mit klebrigen Haaren bedeckt. Die glockenförmigen, duftenden hellvioletten Blüten stehen in aufrechten Blütenständen an den Enden der Triebe.

MERKMALE: *Die eiförmigen, zugespitzten Früchte reifen von Grün zu Braun.*

Breit säulenförmig bis rundkronig

Blatt bis 30 cm lang

Blüte bis 5 cm lang

Frucht bis 5 cm lang

HÖHE *15 m.* **AUSBREITUNG** *12 m.*
RINDE *Grau und glatt, mit auffälligen Lentizellen, springt bei alten Bäumen in breite, orangebraune Risse auf.*
BLÜTEZEIT *Frühjahr.*
VORKOMMEN *In Parks und Gärten kultiviert; stammt aus China und Korea.*
ÄHNLICHE ARTEN *Gewöhnlicher Trompetenbaum (S. 114), dessen Blätter zu dreien stehen; Blüten und Früchte sehr unterschiedlich.*

ANMERKUNG

An seinen hellbraunen, filzigen Blütenknospen und den noch bestehenden Früchten ist dieser Baum auch im Winter zu erkennen.

MERKMALE: *Die geflügelten grünen Früchte mit schlanken Spitzen hängen von den Zweigen. Sie reifen braun.*

Berg-Schneeglöckchenbaum

Halesia monticola (Styracaceae)

Dieser Baum hat fein gezähnte, eiförmige bis längliche Blätter, die in einer Spitze enden. Sie sind oberseits dunkelgrün, unterseits heller und behaart, wenn sie jung sind. Die glockenförmigen weißen oder rosafarben getönten Blüten hängen in kleinen Büscheln, wenn die Blätter sich entfalten.

HÖHE *15 m.* **AUSBREITUNG** *10 m.*
RINDE *Graubraun, bei älteren Bäumen tief gefurcht.*
BLÜTEZEIT *Frühjahr.*
VORKOMMEN *Kultiviert; stammt aus dem Südosten der USA.*
ÄHNLICH *Japanischer Storaxbaum (rechts), kürzere Blätter, keine geflügelten Früchte.*

MERKMALE: *Die weißen Blüten in hängenden Blütenständen sind fächerförmig angeordnet.*

Borstiger Flügelstorax

Pterostyrax hispida (Styracaceae)

Dieser Baum ist anfangs kegelförmig und wird später ausladend. Die länglichen Blätter sind fein gezähnt und spitz. Oberseits sind sie kräftig grün, unterseits graugrün. Die duftenden weißen Blüten haben auffällige Staubblätter und sitzen in bis zu 25 cm langen, hängenden Blütenständen. Die braunen, gerippten Früchte sind mit borstigen Haaren besetzt.

HÖHE *10 m.* **AUSBREITUNG** *10 m.*
RINDE *Graubraun, rissig.*
BLÜTEZEIT *Frühsommer.*
VORKOMMEN *Kultiviert; stammt aus China und Japan.*
ÄHNLICHE ARTEN *Keine – die fächerförmigen Blütenstände und die borstigen, gerippten Früchte sind charakteristisch.*

Japanischer Storaxbaum

Styrax japonicus (Styracaceae)

Der Japanische Storaxbaum hat oft einen kurzen Stamm, die Äste setzen bereits weit unten an. Die eiförmigen Blätter laufen am Grund und oben spitz zu, der Rand ist fein gezähnt. Sie sind oberseits glänzend dunkelgrün und färben sich im Herbst rot oder gelb. Die leicht duftenden, fünflappigen Blüten haben gelbe Staubblätter und sind meist weiß, manche Sorten haben rosafarbene Blüten. Die graugrünen Früchte sind eiförmig und etwa 1 cm lang.

MERKMALE: *Die glockenförmigen weißen oder rosafarben getönten Blüten hängen an schlanken Stielen.*

ANMERKUNG

Der Japanische Storaxbaum ist der beliebteste der zahlreichen asiatischen und amerikanischen Bäume. Er eignet sich hervorragend für Waldgärten.

HÖHE *10 m.* **AUSBREITUNG** *15 m.*
RINDE *Dunkel graubraun und glatt, bei alten Bäumen bräunliche Risse und Furchen.*
BLÜTEZEIT *Frühsommer.*
VORKOMMEN *Kultiviert (in Parks und Gärten); stammt aus China, Japan und Korea.*
ÄHNLICHE ARTEN *Berg-Schneeglöckchenbaum (links), der geflügelte Früchte und längere Blätter hat.*

MERKMALE: *Die weißen oder rosafarbenen Blüten stehen in schlanken Blütenständen.*

Afrikanische Tamariske

Tamarix africana (Tamaricaceae)

Dieser ausladende Baum oder Strauch hat schuppenförmige Blätter. Die jungen Triebe sind dicht mit kleinen, bis zu 4 mm langen Schuppenblättern besetzt. Die kleinen Blüten mit fünf Blütenblättern bleiben oft lange erhalten. Die Früchte sind unauffällig. Dies ist eine von mehreren eruopäischen *Tamarix*-Arten und oft schwer zu bestimmen.

HÖHE *7 m.* **AUSBREITUNG** *6 m.*
RINDE *Dunkelviolett bis schwarz.*
BLÜTEZEIT *An alten Trieben im Frühjahr, an jungen manchmal im Sommer.*
VORKOMMEN *Salzmarschen an der Küste; stammt aus Südwesteuropa.*
ÄHNLICHE ARTEN *Kleinblütige Tamariske (unten), die Blüten mit vier Blütenblättern hat.*

MERKMALE: *Die kleinen Blüten mit vier Blütenblättern stehen in schlanken Blütenständen.*

Kleinblütige Tamariske

Tamarix parviflora (Tamaricaceae)

Die Äste dieses Baums oder Strauchs entspringen oft weit unten. Die jungen Triebe sind mit kleinen, schuppenförmigen Blättern besetzt. Die Blüten, die in Blütenständen an den Trieben des Vorjahres stehen, sind nur 2 mm lang. Die Früchte sind unauffällig.

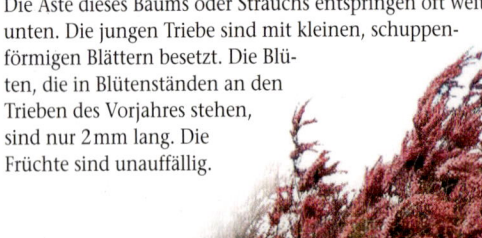

HÖHE *5 m.* **AUSBREITUNG** *6 m.*
RINDE *Braun bis violettbraun.*
BLÜTEZEIT *Frühjahr.*
VORKOMMEN *Hecken und Flussufer; stammt aus Südosteuropa, wird anderswo gepflanzt und verwildert manchmal.*
ÄHNLICHE ARTEN *Afrikanische Tamariske (oben), die Blüten mit fünf Blütenblättern hat.*

Japanische Scheinkamelie

Stewartia pseudocamellia (Theaceae)

Dieser Baum ist anfangs kegelförmig, später wird er breit säulenförmig. Die eiförmigen, fein gezähnten Blätter tragen kurze Spitzen. Sie sind oberseits dunkelgrün und kahl, unterseits kahl oder behaart und färben sich im Herbst gelb, orangefarben oder rot. Die Frucht ist eine verholzte rotbraune, etwa 2 cm lange Kapsel. Die Rinde und die Blüten sind sehr charakteristisch, Letztere fallen intakt vom Baum. Wie die verwandte Kamelie gedeiht dieser Baum nur auf lehmfreien Böden.

MERKMALE: *Die weißen Blüten haben zahlreiche gelbe Staubblätter und fünf an der Basis verwachsene, gewellte Blütenblätter.*

HÖHE *15 m.* **AUSBREITUNG** *10 m.*
RINDE *Rotbraun, schuppt sich auffällig, und graue und rosafarbene Flecken werden sichtbar.*
BLÜTEZEIT *Sommer.*
VORKOMMEN *In Parks und Gärten kultiviert; stammt aus Japan und Korea.*
ÄHNLICHE ARTEN *Keine – einige andere Arten der Gattung werden in Gärten gepflanzt, jedoch wesentlich seltener.*

ANMERKUNG

Dieser Baum ist nah mit den immergrünen, strauchförmigen Kamelien verwandt und gedeiht nur in Gegenden mit sauren Böden.

MERKMALE: *Die duftenden hellgelben Blüten öffnen sich in kleinen Blütenständen, an deren Basis ein auffälliges gelbgrünes Hochblatt sitzt.*

Winter-Linde

Tilia cordata (Tiliaceae)

Die Winter-Linde ist ein großer Baum mit breit säulenförmiger Krone. Die runden Blätter haben gezähnte Ränder, sind am Grund herzförmig und enden in einer kurzen, abgesetzten Spitze. Sie sind oberseits dunkelgrün, unterseits blaugrün und färben sich im Herbst gelb. Die Blätter sind unterseits kahl mit auffallenden braunen Haarbüscheln in den Verzweigungen der Adern. Die runden, graugrünen Früchte sind etwa 1,2 cm lang. Anders als andere Linden bildet dieser Baum meist keine Schösslinge an der Basis.

HÖHE *30 m.*
AUSBREITUNG *20 m.*
RINDE *Glatt und grau, bei alten Bäumen gefurcht.*
BLÜTEZEIT *Sommer.*
VORKOMMEN *Wälder, oft auf Kalkstein, in ganz Europa.*
ÄHNLICHE ARTEN *Holländische Linde (rechts), deren Blätter unterseits grün sind; Sommer-Linde (rechts) mit behaarten Blattunterseiten.*

ANMERKUNG

Diese Art ist eine der Elternarten der Holländischen Linde (rechts). Es gibt Sorten mit schmalem oder kegelförmigem Wuchs.

Holländische Linde

Tilia x *europaea* (Tiliaceae)

Diese Hybridform zwischen der Winter-Linde (links) und der Sommer-Linde (unten) ist ein kräftiger Baum mit breit säulenförmigem Wuchs. Die runden bis breit eiförmigen Blätter sind scharf gezähnt und enden in einer kurzen Spitze. Sie sind oberseits dunkelgrün, unterseits grün und kahl und tragen nur in den Verzweigungen der Blattadern Haarbüschel.

MERKMALE: *Die eiförmigen grünen Früchte sind 1,2 cm lang und ähneln denen der Winter-Linde (links).*

HÖHE *40 m.* **AUSBREITUNG** *20 m.*
RINDE *Graubraun, im Alter gefurcht.*
BLÜTEZEIT *Zeitiges Frühjahr.*
VORKOMMEN *Waldland in Europa, auch kultiviert.*
ÄHNLICHE ARTEN *Winter-Linde (links) mit blaugrünen Blattunterseiten; Sommer-Linde (unten) mit behaarten Blattunterseiten.*

Sommer-Linde

Tilia platyphyllos (Tiliaceae)

Dieser große Baum mit breit säulenförmiger Krone ist eine der Stammarten der Holländischen Linde (oben). Die jungen Triebe sind mit weichen weißen Haaren bedeckt. Die Blätter sind oberseits dunkelgrün, unterseits heller und meist auf beiden Seiten weich behaart. Die duftenden Blüten und Früchte ähneln denen der Winter-Linde (links).

MERKMALE: *Die runden bis breit eiförmigen Blätter enden in einer kurzen Spitze.*

HÖHE *30 m.* **AUSBREITUNG** *20 m.*
RINDE *Grau, im Alter rissig.*
BLÜTEZEIT *Sommer.*
VORKOMMEN *Wälder in Europa.*
ÄHNLICHE ARTEN *Holländische Linde (oben) und Winter-Linde (links), beide auf Blattunterseiten kahl, nur mit Haarbüscheln in den Verzweigungen der Adern.*

MERKMALE: *Die Blätter sind an der Basis oft asymmetrisch und enden in einer kurzen Spitze. Die graugrünen Früchte sind rund bis eiförmig.*

Silber-Linde

Tilia tomentosa (Tiliaceae)

Die jungen Triebe der Silber-Linde sind dicht mit silbernen Haaren besetzt, daher ihr Name. Sie hat einen breit säulenförmigen Wuchs. Die Blätter sind oberseits dunkelgrün und unterseits mit silbernen Haaren bedeckt. Die Blattränder sind gezähnt und manchmal leicht gelappt. Die duftenden gelben Blüten stehen in Blütenständen von bis zu zehn Blüten, an der Basis sitzt ein auffallendes hellgrünes Hochblatt. Ihnen folgen grüne Früchte.

ANMERKUNG

Diese Art wird häufig in Parks und als Straßenbaum gepflanzt. Die Sorte T. tomentosa *'Petiolaris' mit herabhängenden Zweigen ist besonders häufig.*

HÖHE *25 m.*
AUSBREITUNG *15 m.*
RINDE *Grau, bei alten Bäumen rissig.*
BLÜTEZEIT *Mitte des Sommers bis Spätsommer.*
VORKOMMEN *Wälder in Südosteuropa.*
ÄHNLICHE ARTEN *Keine – die silbernen Haare auf Blättern und Trieben unterscheiden die Silber-Linde von anderen europäischen Lindenarten.*

Südlicher Zürgelbaum

Celtis australis (Ulmaceae)

Dieser Baum hat eine breit säulenförmige bis ausladende Krone. Die eiförmigen, dreiädrigen Blätter sind scharf gezähnt und zugespitzt und an der Basis oft asymmetrisch. Die kleinen grünen Blüten ohne Blütenblätter öffnen sich einzeln oder in kleinen Büscheln in den Blattachseln, die männlichen und weiblichen am selben oder verschiedenen Bäumen. Die runden, beerenähnlichen, essbaren Füchte reifen von Grün zu Schwarz.

MERKMALE: *Die schmalen, eiförmigen Blätter sind dunkelgrün und oberseits rau, unterseits graugrün und weich behaart.*

ANMERKUNG

Dieser Baum gedeiht in warmen, trockenen Gegenden Europas und wird auf Plätzen und an Straßen im Mittelmeergebiet oft gepflanzt.

HÖHE *20 m.*
AUSBREITUNG *20 m.*
RINDE *Hellgrau und glatt.*
BLÜTEZEIT *Frühjahr.*
VORKOMMEN *Wälder und Dickichte in trockenen, steinigen Regionen in Südeuropa.*
ÄHNLICHE ARTEN *Einige Ulmenarten, diese haben jedoch keine dreiädrigen Blätter und beerenähnliche Früchte.*

MERKMALE: *Die Blüten mit roten Staubblättern öffnen sich im späten Winter an den kahlen Zweigen.*

Berg-Ulme

Ulmus glabra (Ulmaceae)

Dieser große Baum ist kegelförmig, wenn er jung ist, wird später rundkronig und hat raue junge Triebe. Die wechselständigen, eiförmigen Blätter sind am Grund asymmetrisch und scharf gezähnt. Sie sind oberseits dunkelgrün, sehr rau und kurz gestielt. Den Blüten folgen geflügelte grüne Früchte. Die Bastard-Ulme *(U. x hollandica)* ist eine Hybridform zwischen der Berg-Ulme und der Feld-Ulme.

HÖHE *30 m.*
AUSBREITUNG *25 m.*
RINDE *Grau und glatt; bei alten Bäumen rissig.*
BLÜTEZEIT *Später Winter.*
VORKOMMEN *Wälder und Hecken in ganz Europa.*
ÄHNLICHE ARTEN *Keine.*

MERKMALE: *Die geflügelten grünen Früchte sind am Rand behaart.*

Flatter-Ulme

Ulmus laevis (Ulmaceae)

Die jungen Triebe dieses Baums sind mit weichen, grauen Haaren bedeckt. Die breit eiförmigen bis runden Blätter sind scharf gezähnt und am Grund asymmetrisch. Sie sind oberseits dunkelgrün und glatt oder leicht rau, unterseits grau behaart. Die kleinen Blüten mit roten Staubblättern öffnen sich an den kahlen Zweigen.

HÖHE *30 m.* **AUSBREITUNG** *25 m.*
RINDE *Graubraun und glatt, bei alten Bäumen gefurcht.*
BLÜTEZEIT *Später Winter.*
VORKOMMEN *Bewaldete Täler in Mittel- und Osteuropa.*
ÄHNLICHE ARTEN *Keine – die hängenden, weiß behaarten Früchte sind charakteristisch.*

Feld-Ulme

Ulmus minor (Ulmaceae)

Wie bei anderen Ulmenarten sind die eiförmigen Blätter der Feld-Ulme am Grund asymmetrisch und scharf gezähnt. Oberseits sind sie glänzend grün und glatt, unterseits heller und nur an den Adern behaart. Der Baum hat eine säulenförmige Krone und kahle junge Triebe. Die Frucht ist grün geflügelt, der Samen sitzt in der Mitte.

MERKMALE: *Die Blüten in kleinen Büschel öffnen sich an den kahlen Zweigen.*

HÖHE *30 m.* **AUSBREITUNG** *20 m.*
RINDE *Anfangs hellgrau und glatt, bei alten Bäumen rissig.*
BLÜTEZEIT *Später Winter.*
VORKOMMEN *Wälder, Dickichte und Hecken in ganz Europa.*
ÄHNLICHE ARTEN *Haar-Ulme (unten), die unterseits behaarte Blätter hat.*

Haar-Ulme

Ulmus procera (Ulmaceae)

Dieser Baum mit breit säulenförmiger Krone treibt am Grund meist Schösslinge aus, und die Zweige können nach einigen Jahren korkig werden. Die breit eiförmigen bis runden Blätter sind gezähnt und am Grund asymmetrisch. Sie sind oberseits dunkelgrün und rau, unterseits behaart. Die grünen Früchte sind geflügelt, der Samen sitzt in der Mitte.

MERKMALE: *Dichte Büschel kleiner Blüten öffnen sich an den kahlen Zweigen.*

HÖHE *30 m.* **AUSBREITUNG** *20 m.*
RINDE *Grau und glatt bei jungen Bäumen, später gefurcht.*
BLÜTEZEIT *Später Winter.*
VORKOMMEN *Wälder, Felder und Hecken in Westeuropa, wird oft gepflanzt.*
ÄHNLICHE ARTEN *Feld-Ulme (oben), deren Blätter oberseits glatt sind.*

MERKMALE: *Die glatte graubraune Rinde trägt schmale Bänder mit Lentizellen.*

Zelkova abelicea

Zelkova abelicea (Ulmaceae)

Dieser Baum ist oft weit unten verzweigt und manchmal strauchförmig und hat schlanke junge Triebe, die mit weißen Haaren bedeckt sind. Die schmal eiförmigen Blätter haben auf jeder Seite vier oder fünf Zähne. Sie sind oberseits dunkelgrün, unterseits heller und behaart. Die Blüten sind klein und grün. Die männlichen stehen in Büscheln, die weiblichen meist einzeln, ihnen folgen kleine runde Früchte.

Zweige weit unten

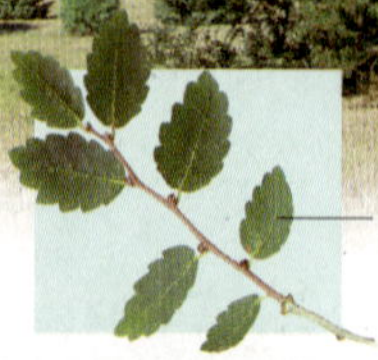

Blatt bis 4 cm lang

HÖHE *6 m.*
AUSBREITUNG *8 m oder breiter.*
RINDE *Grau und glatt.*
BLÜTEZEIT *Frühjahr.*
VORKOMMEN *Steinige Gebirgshänge auf Kreta.*
ÄHNLICHE ARTEN *Kaukasische Zelkove (unten), die größere Blätter hat.*

MERKMALE: *Die Blätter haben meist neun bis elf Paare dreieckiger Zähne.*

Kaukasische Zelkove

Zelkova carpinifolia (Ulmaceae)

Dieser Baum hat einen kurzen Stamm und eine dichte, ovale Krone. Die kurz gestielten, wechselständigen Blätter sind oberseits dunkelgrün und rau, an den Blattadern unterseits behaart, und färben sich im Herbst orangebraun. Die Blüten sind klein und grün, die männlichen stehen in Büscheln. Die weiblichen stehen meist einzeln, ihnen folgen kleine, runde, 6 mm breite Früchte.

Wuchs breit säulenförmig

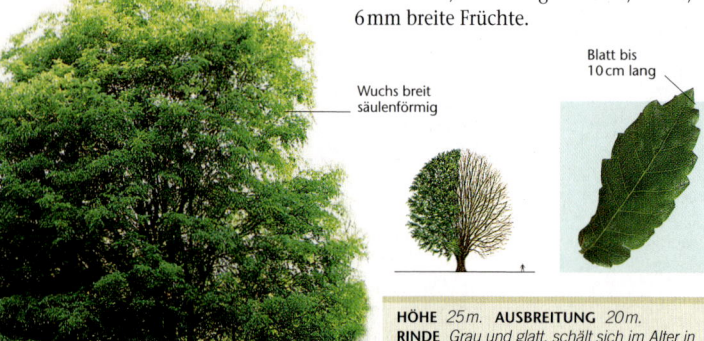

Blatt bis 10 cm lang

HÖHE *25 m.* **AUSBREITUNG** *20 m.*
RINDE *Grau und glatt, schält sich im Alter in orangebraunen Flecken.*
BLÜTEZEIT *Frühjahr.*
VORKOMMEN *Kultiviert; stammt aus dem Nordiran, der Nordosttürkei, dem Kaukasus.*
ÄHNLICHE ARTEN Zelkova abelicea *(oben), kleinere Blätter.*

Glossar

Viele der hier definierten Begriffe sind in der allgemeinen Einführung (S. 8–11) illustriert.

ACHSEL Ein Winkel zwischen zwei Strukturen, beispielsweise zwischen Blatt und Stängel oder der Mittelrippe und kleineren Blattadern.

ARILLUS Ein fleischiger, oft leuchtend gefärbter Mantel um einen Samen.

ART Eine Kategorie der Klassifikation, die eine Gruppe ähnlicher Pflanzen definiert, die sich meist miteinander fortpflanzen; die Wald-Kiefer *(Pinus sylvestris)* ist beispielsweise eine Art.

BEREIFT Mit einem dünnen, blauweißen Belag bedeckt, der abgerieben werden kann.

DOPPELT GEFIEDERT Die Fiedern eines Blatts sind selbst noch einmal gefiedert.

EINFACH Ungeteilt.

EINHEIMISCH Kommt natürlicherweise in einem bestimmten Gebiet vor.

FIEDER Eines der Teile, aus denen ein zusammengesetztes Blatt besteht.

FORM Eine Variante einer Art.

GATTUNG Eine Kategorie der Klassifikation, die aus einer Gruppe nah verwandter Arten besteht und durch den ersten Teil des wissenschaftlichen Namens beschrieben wird, z. B. *Pinus* bei *Pinus pinea.*

GEFIEDERT Ein zusammengesetztes Blatt mit Fiedern, die an einer Mittelachse ansetzen. Fiederteilige Blätter haben Lappen, keine völlig getrennten Fiedern, die genauso angeordnet sind.

GEFÜLLTE BLÜTE Eine Blüte mit zahlreicheren Blütenblättern als die Wildform und wenigen oder keinen Staubblättern.

GEGENSTÄNDIG In Paaren auf beiden Seiten des Stängels ansetzend.

HALB IMMERGRÜN Wenige Blätter überdauern den Winter am Baum.

HANDFÖRMIG Fächerförmig und aus Fiedern bestehend.

HOCHBLATT Eine kleine, blattähnliche Struktur an der Basis einer Blüte.

HYBRIDFORM Eine Kreuzung aus zwei Arten.

IMMERGRÜN Ein Baum, der während des ganzen Jahres Blätter trägt.

KÄTZCHEN Ein unverzweigter, oft hängender Blütenstand, meist eingeschlechtlich.

KEGELFÖRMIG Unten am breitesten, nach oben hin spitz zulaufend.

KELCHBLATT Die meist grünen Teile der Blüte, die außerhalb der Blütenblätter sitzen.

KRAUTIG Nicht verholzt, stirbt am Ende der Wachstumsphase ab und überwintert mit unterirdischen Pflanzenteilen im Boden.

LAUB ABWERFEND Ein Baum, der während Teilen des Jahres keine Blätter trägt (meist im Winter).

LENTIZELLE Eine kleine Pore, die sich in der Rinde oder Fruchtschale befindet, und durch die Luftaustausch stattfindet.

MITTELRIPPE Die wichtigste, meist zentrale Ader eines Blatts oder einer Fieder.

NARBE Der weibliche Teil der Blüte, der den Pollen aufnimmt.

NEBENBLATT Ein blattähnliches Organ am Grund des Blattstiels.

RISPE Ein länglicher, verzweigter Blütenstand mit gestielten Blüten.

SÄULENFÖRMIG Höher als breit, mit parallelen Seiten.

SCHMETTERLINGSBLÜTE Eine Blüte, deren Aufbau typisch für die Familie der Schmetterlingsblütler ist: Die Kelchblätter sind zu einer kurzen Röhre verwachsen. Das obere Blütenblatt, die Fahne, ist aufrecht. Zwei Blütenblätter, die Flügel, sitzen seitlich, und die unteren beiden bilden das Schiffchen.

SCHÖSSLINGE Triebe, die an der Basis eines Baums aus der Erde wachsen.

STAUBBEUTEL Der männliche Teil der Blüte, der den Pollen bildet.

STAUBBLATT Der männliche Teil einer Blüte, der aus einem Staubbeutel besteht, der auf einem Staubfaden sitzt.

TRAUBE Ein länglicher, unverzweigter Blütenstand mit gestielten Blüten.

UNTERART (Abkürzung ssp.) Eine Kategorie der Klassifikation unterhalb der Art; beschreibt eine Gruppe innerhalb der Art, die geografisch isoliert ist, sich aber mit anderen Individuen derselben Art fortpflanzen kann.

VARIETÄT (Abk. var.) Eine natürlich vorkommende Variante einer Art.

VERWILDERT Eine nicht einheimische Pflanze, die durch menschliche Aktivitäten in einem Gebiet eingeführt wurde und nun Populationen in freier Natur bildet, die sich verbreiten.

WECHSELSTÄNDIG Einzeln stehend, in zwei senkrechten Reihen oder spiralig.

WUCHS Die Form einer Pflanze.

ZAPFEN Fruchtstand bei Nadelbäumen.

ZUSAMMENGESETZT Ein Blatt, das in Fiedern oder Teilblätter unterteilt ist.

Register

A

Abies
alba 20
borisii-regis 21
bornmuelleriana 25
cephalonica 21
concolor 22
grandis 22
koreana 23
lasiocarpa 23
var. *arizonica* 23
nebrodensis 24
nordmanniana 25
pinsapo 26
procera 27
Acacia dealbata 71
Acer
campestre 91
capillipes 92
cappadocicum 92
davidii 93
granatense 95
griseum 59
heldreichii 94
ssp. *trautvetteri* 94
hyrcanum 95
japonicum 95
lobelii 96
monspessulanum 97
negundo 59
opalus 97
palmatum 98
pensylvanicum 99
platanoides 100
pseudoplatanus 101
rubrum 102
rufinerve 102
saccharinum 103
saccharum 103
sempervirens 104
tataricum 104
Aceraceae 59, 91–104
Adriatische Flaumeiche 140
Aesculus
x *carnea* 64
hippocastanum 65
indica 66
pavia 66
Ahorn
Balkan- 95
Davids 93
Fächer- 98
Feld- 91
Felsen- 97
Granada- 95
Griechischer 94
Italienischer 96
Japanischer 95
Kolchischer 92
Kretischer 104
Rot- 102
Roter Schlangenhaut- 92
Rotnerviger 102
Schneeballblättriger 97
Silber- 103
Spitz- 100
Tataren- 104
Zimt- 59
Zucker- 103
Ailanthus altissima 89
Albizia julibrissin 71
Algerische Eiche 133
Alnus
cordata 107
glutinosa 108
incana 109
rugosa 109
Alpen-Goldregen 73
Amelanchier lamarckii 161
Amerikanische Gleditschie 73
Amerikanischer Amberbaum 144
Amerikanischer Tulpenbaum 148
Anacardiaceae 60–61
Andentanne 13
Apfel
Dreilappiger 171
Holz- 171
Italienischer 168
Kultur- 168
Tee- 169
Vielblütiger 169
Aprikose 174
Aquifoliaceae 105–107
Aralia
elata 62
spinosa 62
Araliaceae 62
Araucaria araucana 13
Araucariaceae 13
Arbutus
andrachne 127
x *andrachnoides* 127
unedo 128
Arecaceae 82–83
Arizona-Zypresse 51
Atlas-Zeder 27
Ätna-Ginster 147
Azaroldorn 162
Azoren-Stechpalme 107

B

Balearen-Buchsbaum 115
Balkan-Ahorn 95
Bastard-Erdbeerbaum 127
Bastard-Platane 159
Bastard-Schwarz-Pappel 198
Bastard-Ulme 214
Bastard-Zypresse 50
Baum-Hasel 123
Baum-Heide 129
Berg-Ahorn 101
Berg-Kirsche 184
Berg-Schneeglöckchenbaum 206
Berg-Spirke 38
Berg-Ulme 214
Betula
alleghaniensis 110
ermanii 110
lenta 110
nigra 111
papyrifera 111
pendula 112
populifolia 113
pubescens 113
utilis 114
Betulaceae 107–114, 121–123
Bignoniaceae 62, 114
Birke
Ermans 110
Gelb- 110
Hänge- 112
Himalaya- 114
Moor- 113
Papier- 111
Pappelblättrige 113
Schwarz- 111
Birne
Garten- 188
Mandelblättrige 187
Schnee- 189
Weiden- 190
Wild- 190
Bittere Hickorynuss 67
Blaue Gurken-Magnolie 149
Blau-Fichte 34
Blauglocken-Baum 205
Blaugummibaum 154
Blumen-Esche 80
Blumen-Hartriegel 118
Borstiger Flügelstorax 206
Breitblättrige Mehlbeere 194
Breitblättriger Eukalyptus 155
Breitblättriges Pfaffenhütchen 116
Broussonetia papyrifera 152
Bruch-Weide 203
Buche
Orient- 131
Rot- 131
Buchsbaum
Balearen- 115
Europäischer 115
Buxaceae 115
Buxus
balearica 115
sempervirens 115

C

Calocedrus decurrens 48
Campbells Himalaya-Magnolie 149
Caprifoliaceae 63
Caragana arborescens 72
'Lorbergii' 72

Carpinus
betulus 121
orientalis 122
Carya
cordiformis 67
ovata 67
Castanea sativa 130
Catalpa bignonioides 114
Cedrus
atlantica 27
deodara 28
libani 28
Celastraceae 116
Celtis australis 213
Ceratonia siliqua 72
Cercidiphyllaceae 117
Cercidiphyllum japonicum 117
Cercis
canadensis 146
siliquastrum 147
Chamaecyparis
lawsoniana 48
nootkatensis 50
obtusa 49
pisifera 49
China-Spießtanne 14
Chinesische Flügelnuss 70
Chinesische Hanfpalme 83
Chinesischer Wacholder 54
Colorado-Tanne 22
Cornaceae 118–120
Cornus
florida 118
kousa 118
mas 119
nuttallii 119
Corylaceae 124
Corylus
avellana 122
colurna 123
maxima 123
Crataegus
azarolus 162
crus-galli 162, 164
laciniata 163
x *lavalleei* 164
laevigata 163
mexicana 164
monogyna 165
x *persimilis* 162
rhipidophylla 166
Cryptomeria japonica 14
Cunninghamia lanceolata 14
Cupressaceae 14–16, 48–57
Cupressus
arizonica 51
var. *glabra* 51
lusitanica 51
macrocarpa 52
sempervirens 53
Cydonia oblonga 167

D

Dattelpalme 82
Davidia involucrata 120
Davids Ahorn 93
Diospyros
kaki 125
lotus 125
Douglasie, Gewöhnliche 44
Dreh-Kiefer 37

E

Ebenaceae 125
Eberesche, Gewöhnliche 84
Echte Feige 152
Echte Mispel 172
Echte Quitte 167
Echte Zypresse 53
Echter Kreuzdorn 160
Edel-Kastanie 130
Edle Tanne 27
Eibe, Europäische 46
Eiche
Adriatische Flaum- 140
Algerische 133
Färber- 144
Kermes- 134
Kork- 143
Lucombe- 136
Mazedonische 143
Portugiesische 135
Pyrenäen- 140
Rot- 142
Scharlach- 135
Stein- 137
Stiel- 141
Sumpf- 138
Trauben- 139
Ungarische 136
Valonea- 138
Zerr- 134
Eingriffliger Weißdorn 165
Elaeagnaceae 126
Elaeagnus angustifolia 126
Elsbeere 196
Erbsenfrüchtige Scheinzypresse 49
Erbsenstrauch, Gewöhnlicher 72
Erdbeerbaum
Bastard- 127
Östlicher 127
Westlicher 128
Erica
arborea 129
australis 129
lusitanica 129
Ericaceae 127–129
Eriobotrya japonica 166
Ermans Birke 110
Esche
Blumen- 80
Gewöhnliche 79
Kaukasus- 78
Pennsylvanische 81
Rot- 81
Schmalblättrige 78
Weiß- 77
Eschen-Ahorn 59
Espe 200
Essigbaum 61
Eucalyptus
camaldulensis 154
dalrympleana 155
globulus 154
gunnii 155
viminalis 155
Eukalyptus
Blaugummibaum 154
Breitblättriger 155
Mostgummi- 155
Roter 154
Rutenförmiger 155
Euonymus
europaeus 116
latifolius 116
Europäische Eibe 46
Europäische Lärche 29
Europäischer Buchsbaum 115

F

Fabaceae 71–76, 146–147
Fächer-Ahorn 98
Fagaceae 130–144
Fagus
orientalis 131
sylvatica 131
Färber-Eiche 144
Faulbaum, Gewöhnlicher 161
Feige, Echte 152
Feld-Ahorn 91
Feld-Ulme 215
Felsen-Ahorn 97
Felsengebirgs-Tanne 23
Felsen-Kirsche 182
Feuer-Scheinzypresse 49
Fichte 31
Blau- 34
Kaukasus- 33
Serbische 32
Sitka- 34
Ficus carica 152
Flatter-Ulme 214
Flieder 157
Flügelstorax, Borstiger 206
Flügelnuss
Chinesische 70
Kaukasische 70
Föhre 43
Fraxinus
americana 77
angustifolia 78
ssp. *oxycarpa* 78
excelsior 79
ornus 80
pallisiae 80
pennsylvanica 81
Frühjahrs-Kirsche 186

G

Garten-Birnbaum 188
Gelb-Birke 110
Genista aetnensis 147
Gewöhnliche Douglasie 44
Gewöhnliche Eberesche 84
Gewöhnliche Esche 79
Gewöhnliche Hasel 122

Gewöhnliche Hopfenbuche 124
Gewöhnliche Mehlbeere 191
Gewöhnliche Scheinakazie 75
Gewöhnliche Schlehe 185
Gewöhnliche Stechpalme 106
Gewöhnliche Traubenkirsche 183
Gewöhnlicher Erbsenstrauch 72
Gewöhnlicher Faulbaum 161
Gewöhnlicher Goldregen 74
Gewöhnlicher Judasbaum 147
Gewöhnlicher Pfefferbaum 61
Gewöhnlicher Sanddorn 126
Gewöhnlicher Trompetenbaum 114
Gewöhnlicher Wacholder 15
Gewöhnliches Pfaffenhütchen 116
Ginkgo 12
Ginkgo biloba 12
Ginkgoaceae 12
Glänzender Liguster 156
Glatte Arizona-Zypresse 51
Gleditsia triacanthos 73
Goldregen
  Alpen- 73
  Gewöhnlicher 74
  Hybrid- 75
Götterbaum 89
Granada-Ahorn 95
Granatapfel 160
Grau-Erle 109
Grau-Pappel 198
Griechische Tanne 21
Griechischer Ahorn 94
Großblättrige Stechpalme 105
Große Hasel 123

H

Haar-Ulme 215
Hahnensporn-Weißdorn 162, 164
Hainbuche
  Gewöhnliche 121
  Orientalische 122
Halesia monticola 206
Hamamelidaceae 144–145
Hänge-Birke 112
Hartriegel
  Blumen- 118
  Japanischer Blumen- 118
  Nuttalls Blumen- 119
Hasel, Gewöhnliche 122
Hemlocktanne
  Kanadische 45
  Westliche 45
Herkuleskeule 62
Herzblättrige Erle 107
Himalaya-Birke 114
Himalaya-Zeder 28
Hippocastanaceae 64–66
Hippophae rhamnoides 126
Holländische Linde 211
Holunder, Schwarzer 63
Holz-Apfel 171
Holz-Apfel-Hybridformen 170
Honoki-Magnolie 151
Hopfenbuche, Gewöhnliche 124
Hybrid-Goldregen 75

I

Ilex
  x *altaclerensis* 105
  aquifolium 106
  perado 107
Immergrüne Magnolie 150
Indische Rosskastanie 66
Indischer Zederachbaum 76
Italienischer Ahorn 96

J

Jacaranda mimosifolia 62
Japanische Eberesche 84
Japanische Lärche 30
Japanische Rot-Kiefer 43
Japanische Walnuss 68
Japanische Wollmispel 166
Japanische Zierkirschen 180
Japanischer Ahorn 95
Japanischer Angelikabaum 62
Japanischer Blumen-Hartriegel 118
Japanischer Schnurbaum 76
Japanischer Storaxbaum 207
Johannisbrotbaum 72
Judasbaum
  Gewöhnlicher 147
  Kanadischer 146
Juglandaceae 67–70
Juglans
  ailantifolia 68
  nigra 68
  regia 69
Juniperus
  chinensis 54
  communis 15
  drupacea 16
  foetidissima 54
  oxycedrus 16
  phoenicea 55
  thurifera 55
  virginiana 56

K

Kakipflaume 125
Kalabrische Kiefer 35
Kalifornische Flusszeder 48
Kalifornische Washingtonpalme 83
Kanadische Hemlocktanne 45
Kanadischer Judasbaum 146
Kanarische Dattelpalme 82
Kanarische Kiefer 35
Karolina-Pappel 199
Kaukasische Flügelnuss 70
Kaukasische Zelkove 216
Kaukasus-Esche 78
Kaukasus-Fichte 33
Kermes-Eiche 134
Kiefer
  Dreh- 37
  Föhre 43
  Japanische Rot- 4
  Kalabrische 35
  Kanarische 35
  Korsische 39
  Monterey- 42
  Panzer- 38
  Rumelische 40
  Schirm- 41
  Schwarz- 39
  See- 37
  Strand- 40
  Wald- 43
  Weymouths- 42
  Zirbel- 36
Kirsche
  Berg- 184
  Felsen- 182
  Frühjahrs- 186
  Gewöhnliche Trauben- 183
  Kornel- 119
  Mahagoni- 185
  Sauer- 177
  Späte Trauben- 184
  Vogel- 175
Kirschlorbeer 181
Kirschpflaume 176
Kobushi-Magnolie 150
Koelreuteria paniculata 88
Kolchischer Ahorn 92
König-Boris-Tanne 21
Koreanische Tanne 23
Kork-Eiche 143
Kornelkirsche 119
Korsische Kiefer 39
Kretischer Ahorn 104
Kreuzdorn, Echter 160
Kuchenbaum 117
Kultur-Apfel 168
Kupfer-Felsenbirne 161
Küstenmammutbaum 18
Küstentanne 22

L

Laburnum
  alpinum 73
  anagyroides 74
  x *watereri* 75
Lärche
  Europäische 29
  Japanische 30

Larix
decidua 29
kaempferi 30
x *marschlinsii* 30
Laubbäume mit zusammengesetzten Blättern 58–89
Laubbäume mit einfachen Blättern 90–216
Lauraceae 145–146
Laurus
azorica 145
nobilis 146
Lawsons Scheinzypresse 48
Leguminosae 71–76, 146–147
Libanon-Zeder 28
Ligustrum
japonicum 156
lucidum 156
Linde
Holländische 211
Silber- 212
Sommer- 211
Winter- 210
Liquidambar styraciflua 144
Liriodendron
chinense 148
tulipifera 148
Lorbeerbaum 146
Lorbeerkirsche, Portugiesische 181
Lorbeer-Weide 203
Lotuspflaume 125
Lucombe-Eiche 136

M

Magnolia
acuminata 149
campbellii 149
denudata 151
grandiflora 150
kobus 150
liliiflora 151
x *loebneri* 150
macrophylla 151
obovata 151
officinalis 151
x *soulangeana* 151
wieseneri 151
Magnoliaceae 148–151
Magnolie
Blaue Gurken- 149
Campbells Himalaya- 149
Honoki- 151
Immergrüne 150
Kobushi- 150
Tulpen- 151
Mahagoni-Kirsche 185
Malus
dasyphylla 168
domestica 168, 171
florentina 168, 171
x *floribunda* 169
hupehensis 169
Hybridformen 170
pumila 171
sylvestris 171
trilobata 168, 171
Mammutbaum 18
Küsten- 18
Urwelt- 17
Mandelbaum 179
Mandelblättrige Birne 187
März-Kirsche 186
Mastixbaum 60
Maulbeerbaum
Papier- 152
Schwarzer 153
Weißer 153
Mazedonische Eiche 143
Mehlbeere, Gewöhnliche 191
Melia azedarach 76
Meliaceae 76
Mespilus germanica 172
Metasequoia glyptostroboides 17
Mexikanische Zypresse 51
Mimose der Gärtner 71
Mispel, Echte 172
Monterey-Kiefer 42
Monterey-Zypresse 52
Moor-Birke 113
Moraceae 152–153
Morgenländische Platane 159
Morgenländischer Lebensbaum 47, 56
Morus
alba 153
nigra 153
Mostgummi-Eukalyptus 155
Myrtaceae 154–155

N

Nadelbäume mit Nadeln 12–46
Nadelbäume mit Schuppenblättern 47–57
Nebrodi-Tanne 24
Nootka-Scheinzypresse 50
Nordmanns-Tanne 25
Nothofagus
alpina 132
obliqua 132
Nuttalls Blumen-Hartriegel 119
Nyssa sylvatica 120

O

Ohr-Weide 202
Olea europaea 156
Oleaceae 77–81, 156–157
Olivenbaum 156
Orientalische Hainbuche 122
Orientalischer Weißdorn 163
Orient-Buche 131
Östlicher Erdbeerbaum 127
Ostrya carpinifolia 124

P

Palisander 62
Palmae 82–83
Palme
Chinesische Hanf- 83
Dattel- 82
Kalifornische Washington- 83
Kanarische Dattel- 82
Panzer-Kiefer 38
Papier-Birke 111
Papier-Maulbeere 152
Pappel
Bastard-Schwarz- 198
Grau- 198
Schwarz- 199
Silber- 197
Pappelblättrige Birke 113
Parrotia persica 145
Parrotie 145
Paulownia tomentosa 205
Pavie 66
Pellin-Scheinbuche 132
Pennsylvanische Esche 81
Pfaffenhütchen
Breitblättriges 116
Gewöhnliches 116
Pfefferbaum, Gewöhnlicher 61
Pfirsich 183
Pflaume 178
Phillyrea latifolia 157
Phoenix
canariensis 82
dactylifera 82
theophrasti 82
Phönizischer Wacholder 55
Photinia
davidiana 172
x *fraseri* 172, 173
serratifolia 172, 173
villosa 174
Picea
abies 31
omorika 32
orientalis 33
pungens 34
sitchensis 34
Pinaceae 20–45
Pinus
brutia 35
canariensis 35
cembra 36
contorta 37
var. *latifolia* 37
densiflora 43
halepensis 37
heldreichii 38
mugo ssp. *uncinata* 38
nigra 39
nigra ssp. *laricio* 39
peuce 40
pinaster 40
pinea 41
radiata 42
sibrica 36
strobus 42
sylvestris 43
wallichiana 42

Pistacia
lentiscus 60
terebinthus 60
Pittosporaceae 158
Pittosporum tenuifolium 158
Platanaceae 159
Platane
Bastard- 159
Morgenländische 159
Platanus
x *hispanica* 159
orientalis 159
Platycladus orientalis 56
Populus
alba 197
x *canadensis* 198
x *canescens* 198
deltoides 199
nigra 199
tremula 200
Portugiesische Eiche 135
Portugiesische Lorbeer-kirsche 181
Prunus 180
armeniaca 174
avium 'Plena' 175
bourgaeana 190
cerasifera 176
cerasus 177
cocomilia 178
domestica 178
dulcis 179
elaeagnifolia 190
incisa 186
insititia 179
laurocerasus 181
lusitanica 181
mahaleb 182
padus 183
pendula 186
persica 183
pyraster 190
sargentii 184
serotina 184
serrula 185
spinosa 185
x *subhirtella* 186
Pseudotsuga menziesii 44
var. *glauca* 44
Pterocarya
fraxinifolia 70
x *rehderiana* 70
stenoptera 70
Pterostyrax hispida 206
Punica granatum 160
Punicaceae 160
Pyrenäen-Eiche 140
Pyrus
amygdaliformis 187
bourgaeana 190
calleryana 187
communis 188
cordata 189
elaeagnifolia 189, 190
nivalis 189
pyraster 190
salicifolia 'Pendula' 190

Q

Quercus
canariensis 133
cerris 134
coccifera 134
coccinea 135
faginea 135
frainetto 136
x *hispanica* 136
ilex 137
macrolepis 138
palustris 138
petraea 139
pubescens 140
pyrenaica 140
robur 141
rotundifolia 142
rubra 142
suber 143
trojana 143
velutina 144
Quitte, Echte 167

R

Rauli-Scheinbuche 132
Rhamnaceae 160–161
Rhamnus
cathartica 160
frangula 161
Rhus
glabra 61
typhina 61
Riesen-Lebensbaum 57
Rispiger Blasenbaum 88
Robinia pseudoacacia 75
Rosaceae 84–87, 161–196
Rosskastanie
Gewöhnliche 65
Indische 66
Rote 64
Rot-Ahorn 102
Rotbeeriger Wacholder 16
Rot-Buche 131
Rot-Eiche 142
Rot-Esche 81
Rote Rosskastanie 64
Roter Eukalyptus 154
Roter Schlangenhaut-Ahorn 92
Rotnerviger Ahorn 102
Rumelische Kiefer 40
Runzelblättrige Erle 109
Rutenförmiger Eukalyptus 155

S

Salicaceae 197–204
Salix
alba 201
aurita 202
babylonica 204
caprea 202
daphnoides 202
fragilis 203
pentandra 203
x *sepulcralis* 'Chrysocoma' 204
Sal-Weide 202
Sambucus
ebulus 63
nigra 63
racemosa 63
Sanddorn, Gewöhnlicher 126
Sapindaceae 88
Sauer-Kirsche 177
Scharlach-Eiche 135
Scheinakazie, Gewöhnliche 75
Schinus molle 61
Schirm-Kiefer 41
Schlehe, Gewöhnliche 185
Schmalblättrige Esche 78
Schmalblättrige Ölweide 126
Schneeballblättriger Ahorn 97
Schnee-Birne 189
Schuppenrinden-Hickory-nuss 67
Schwarz-Birke 111
Schwarz-Erle 108
Schwarz-Kiefer 39
Schwarz-Pappel 199
Schwarze Walnuss 68
Schwarzer Holunder 63
Schwarzer Maulbeerbaum 153
Schwedische Mehlbeere 193
Scrophulariaceae 205
See-Kiefer 37
Seidenakazie 71
Sequoia sempervirens 18
Sequoiadendron giganteum 18
Serbische Fichte 32
Sicheltanne 14
Silber-Ahorn 103
Silber-Linde 212
Silber-Pappel 197
Silber-Weide 201
Simaroubaceae 89
Sitka-Fichte 34
Sommer-Linde 211
Sophora japonica 76
Sorbus
aria 191
aucuparia 84
austriaca 192
commixta 84
domestica 85
graeca 192
hybrida 86
intermedia 193
latifolia 194
meinichii 86
mougeotii 195
norvegica 195
rupicola 196
teodorii 86
x *thuringiaca* 87
torminalis 196
umbellata 192

Spanische Heide 129
Spanische Tanne 26
Spanischer Wacholder 55
Späte Traubenkirsche 184
Speierling 85
Spitz-Ahorn 100
Stechpalme
Azoren- 107
Gewöhnliche 106
Großblättrige 105
Stein-Eiche 137
Stewartia pseudocamellia 209
Stiel-Eiche 141
Storaxbaum, Japanischer 207
Strand-Kiefer 40
Streifen-Ahorn 99
Styracaceae 206–207
Styrax japonicus 207
Südlicher Zürgelbaum 213
Sumpf-Eiche 138
Syringa vulgaris 157
Syrischer Wacholder 16

T

Taiwania cryptomerioide 14
Tamaricaceae 208
Tamarix
aricana 208
parviflora 208
Tanne
Chinesische Spieß- 14
Colorado- 22
Edle 27
Felsengebirgs- 23
Gewöhnliche Douglasie 44
Griechische 21
König-Boris- 21
Koreanische 23
Küsten- 22
Nebrodi- 24
Nordmanns- 25
Silber- 20
Spanische 26
Taschentuch-Baum 120
Tataren-Ahorn 104
Taxaceae 46
Taxodiaceae 17–19
Taxodium distichum 19
Taxus baccata 46
Terpentin-Baum 60
Theaceae 209
Thuja plicata 57
Tilia
cordata 210
x europaea 211
platyphyllos 211
tomentosa 212
Tiliaceae 210–212
Trachycarpus fortunei 83
Trauben-Eiche 139
Traubenkirsche, Gewöhnliche 183
Trauer-Weide 204
Trompetenbaum, Gewöhnlicher 114
Tsuga
canadensis 45
heterophylla 45
Tulpen-Magnolie 151

U

Ulmaceae 213–216
Ulme
Bastard- 215
Berg- 214
Feld- 215
Flatter- 214
Haar- 215
Ulmus
glabra 214
x *hollandica* 214
laevis 214
minor 215
procera 215
Ungarische Eiche 136
Urwelt-Mammutbaum 17

V

Valonea-Eiche 138
Vielblütiger Apfel 169
Virginischer Wacholder 56
Vogel-Kirsche 175

W

Wacholder
Chinesischer 54
Gewöhnlicher 15
Phönizischer 55
Rotbeeriger 16
Spanischer 55
Stinkender Baum- 54
Syrischer 16
Wald-Kiefer 43
Wald-Tupelobaum 120
Walnuss
Echte 69
Japanische 68
Schwarze 68
Washingtonia filifera 83
Weide
Bruch- 203
Lorbeer- 203
Ohr- 202
Reif- 202
Sal- 202
Silber- 201
Trauer- 204
Weiden-Birne 190
Weißdorn
Großkelchiger 166
Hahnensporn- 162
Lederblättriger 164
Orientalischer 163
Zweigriffliger 163
Weiß-Esche 77
Weiß-Tanne 20
Weißer Maulbeerbaum 153
Westliche Hemlocktanne 45
Weymouths-Kiefer 42
Wild-Birne 190
Winter-Linde 210
x *Cupressocyparis leylandii* 50

Z

Zeder
Atlas- 27
Himalaya- 28
Kalifornische Fluss- 48
Libanon- 28
Zelkova
abelicea 216
carpinifolia 216
Zerr-Eiche 134
Zimt-Ahorn 59
Zirbel-Kiefer 36
Zitter-Pappel 200
Zucker-Ahorn 103
Zucker-Birke 110
Zweigriffliger Weißdorn 163
Zweizeilige Sumpfzypresse 19
Zwerg-Holunder 63
Zypresse
Arizona- 51
Bastard- 50
Echte 53
Erbsenfrüchtige Schein- 49
Feuer-Schein- 49
Glatte Arizona- 51
Lawsons Schein- 48
Mexikanische 51
Monterey- 52
Zweizeilige Sumpf- 19

Anmerkung:
Die Schreibung der deutschen Pflanzen-Namen folgt dem *Zander – Handwörterbuch der Pflanzennamen* (17. Auflage, Stuttgart 2002).

Dank

DORLING KINDERSLEY dankt
Bridget Lloyd-Jones für ihre Hilfe bei der Bildverwaltung und Erin Richards für zusätzliche Unterstützung.

BILDNACHWEIS
Bildarchiv: Richard Dabb, Claire Bowers

Abkürzungen: o = oben, u = unten, m = Mitte, g = ganz, l = links, r = rechts, z = zuoberst.

Der Verlag dankt den folgenden Personen und Institutionen für die freundliche Genehmigung zur Abbildung ihrer Fotografien:

A D Schilling: 10 r; 11 um; 12 mo; 17 zr; 23 zr; 27 ul, zr; 29 zr; 34 zl; 36 mo; 37 umr, mr, zr; 38 ml; 39 mr; 40 ml; 41 mo; 44 zl; 47 uml; 48 mol, ml; 58 umr; 60 mlo, mol; 62 zl; 71 mr; 88 zl; 99 zr; 102 zl; 104 zl; 110 zl; 114 zl; 115 zr; 117 mu; 118 mu; 120 ml, zl, 126 zl; 127 mr; 138 zr; 146 ml; 148 zl, ul; 150 umr; 151 zr; 153 zr; 178 zl; 187 zr; 203 mr.
Alan Outen: 177 zr; 31 zr.
Alistair Duncan: 72 ml; 183 mr.
Andreas Stieglitz: 107 zr, mlo, mro.
Andrew Beckett: 94 zl.
Andrew Butler: 62 mol; 92 ul; 111 mor, zr; 127 ul; 147 uml; 149 mlo, zr; 159 umr; 185 zr; 216 ul, ml.
Andrew de Lory: 76 mor, ml.
Ardea: 97 mr; 166 ul.
B. Borrell Casals: 125 mlo; 154 mol; 183 ur.
Bob Gibbons: 179 zr.
C. Andrew Henley: 41 zr.
Chris Gibson: 1m; 10 umr; 11 ur; 12 ul; 13 uml; 14 mro; 15 zr; 16 uml; 18 ur; 19 mr, zr; 22 mro; 28 ml; 35 umr, mol, mor, mr, zr; 38 mro, zl; 39 mlo, zr; 42 mor; 46 zl; 55 mor, zr; 59 zr; 60 uml, ur, ml, mro, zl; 66 zl; 69 zr, mu; 71 mlo; 73 ul; 74 zl; 75 ml; 76 uml; 82 mu; 89 mu, zr; 90 m, ur; 91 mo; 92 zl; 93 zr; 95 mr, mlo; 97 mro; 100 zl; 110 ml; 115 mlo; 116 mor; 119 mol; 121 mo; 124 mo, zl; 126 ul, ml; 127 mor; 128 zl; 129 mu, zr; 131 ul; 134 ur, ml; 137 mu, zr; 139 zr; 140 uml; 142 uml; 144 ur; 146 zl; 147 mr, zr; 150 mol; 151 mr; 152 uml; 154 mor; 156 uml, ml; 157 mol, mr; 159 mr; 160 zl; 161 umr, mor, mr, zr; 163 mr; 166 ml; 167 zr; 168 zl; 171 mor; 173 zr; 175 zr; 176 zl; 179 ur, zr; 181 ur, mol, zr; 183 zr; 185 ul; 190 mo; 191 zr; 192 ml; 196 mor; 199 uml, mfr; 200 zl; 202 zl; 203 zr; 204 mo; 205 mo, zr; 208 mol, zl; 209 zr; 210 mo; 211 mr; 215 ul, mor.
Clive Boursnell: 67 mlo; 145 mor; 211 ul.
David Dixon: 179 mro.
David Hosking: 142 zl, mlo; 184 uml; 214 ur.
Deni Bown: 61 mfl; 156 zl; 210 zl.
Derek Hall: 142 mro.
E. & D. Hosking: 94 ur; 157 ul; 182 ur; 194 zl.
Eric Crichton: 42 zl; 48 zl; 73 mr; 169 zr.
F. Collect: 199 zr.
FLPA: 154 uml, mol; 166 mur.
Frank Lane Picture Agency, Leo Batten: 186 zl.
Garden Picture Library Howard Rice: 87 zr.
Heinz Schneider: 10 ml; 47 mo; 54 uml; 55 mor; 72 uml, mur, mru.
Henriette Kress: 86 mro, zl.
Howard Rice: 12 ur; 18 mor, zl; 50 ml; 157 zr; 199 mlo, mro.
Ingmar Holmasen: 166 zl, mlo; mro; 192 mro; 194 ul; 195 mur.
Jens Schou: 2; 3; 4; 5; 8 mul; 11 zm; 12 uml; 14 mol, zl; 15 mo; 17 mgl; 20 ml, zl; 22 uml, mgl; 23 ul, mgr; 26 ml; 30 uml, mgl, mro, zl; 32 zl; 33 mu; 34 ur, mgl; 58 ur; 68 mgl; 72 mol, zl; 75 ul; 86 ul, mol, mgl, mlo; 103 zr; 111 ul; 142 mgl; 171 zr; 175 mo; 192 mu; 193 zr; 195 ul, mgr.
John Ferro Sims: 87 um.
John Fielding: 32 ml.
John Glover: 8 zml; 36 zl; 40 mol; 42 mgl; 53 zr; 68 uml; 119 mgr; 163 zr; 169 mgr; 184 zl.
Joseph Strauch: 10 ul; 144 mgl; 31 mr.
Juliette Wade: 28 ur; 29 mo; 51 mor; 57 mr; 119 zr.
Jurgen & Christine Sohns: 62 mlu.
Justyn Willsmore: 12 umr; 58 mo; 119 umr; 158 mo; 180 zl, mo; 181 umr; 184 mol.
Keith Rushforth: 71 zr; 80 mlu; 92 mro; 107 mgr; 184 mol; mlu; 190 mlo; 192 zl, mol; 198 zl; 203 ur.
K. W. Fink: 61 ul.
Life Science Images: 83 mgr.
Mr. Lloyd-Jones: 154 mlo.
Mark Newman: 83 ul.
Martin B. Withers: 97 ul; 178 ul; 202 mlu; ur.
Matthew Ward: 127 zr.
Maurice Nimmo: 174 ul.
Michael L. Charters: 208 mlu, ur.
Michael Rose: 82 mur; 154 ul.
Mike J. Thomas: 214 mro.
Mike Slater: 174 mlu; John R Seiler: 66ul; 71 ur; 126 mro; 177 m.
Natural Image Bob Gibbons: 83 mru; 86 zl; 143 ul; 154 zl; 160 mro, mlu, ul; 186 m; 192 uml; 208 mro, ul; 214 zl, mlu, ul; 215 zr.
Nature Photographers Ltd.: 82 zl.
Neil Fletcher: 10 m, mr, mur; 11 zml, zr, mol, mro, ul, mlo; 13 mor, mgr, zr; 14 ur, mgl; 16 mgl, mro, zl; 17 mr; 18 mgl; 21 ul, mol, mor, mgr, mlo, mru, zr; 22 zl; 23 mor; 24 mul, mro, zl; 26 zl; 27 mgr; 28 zl; 37 mor, mlu; 38 uml, mru; 39 ul; 40 mul; 42 uml; 43 mo, zr; 44 mr; 45 ul, mor, mgr, zr; 46 mo; 47 umr, ul; 48 ur; 49 umr, mgr, zr; 50 zl; 51 umr, mgr, zr; 52 ml, zl; 53 mr; 54 mgl, mro, mru, zl; 55 ul, ur, mgr, mru; 56 uml, mgl, mru, zl; 57 zr; 59 ur, mgr; 60 mru; 61 mor; 63 mo, mul, mur, zr; 64 mr, zl; 65 mo, zr; 66 mol; 67 mgr, mro, zr; 68 zl; 70 mul, mgl, mro, zl; 72 mro; 73 mor; 75 mor, zr; 76 zl; 77 mu, zr; 78 mu, zl; 79 mu, zr; 80 uml, mor, mu, mgl; 81 mo, zr; 83 mor, zr; 84 umr, mor, zl; 86 mru; 91 zr; 93 mr; 94 mgl; 95 mro, zr; 96 ml, zl; 97 mol; 98 mo, zl; 99 mo; 101 mo, zr; 102 ul, mor, mgl; 103 ul, mor, mgr; 104 ul, mol, mur, mlo; 106 mo, zl; 107 ul; 108 mo, zl; 109 ul, ur, mo, mgr, zr; 111 mgr; 112 ml, zl; 113 ul, mor, mgr, zr; 114 mol, mgl; 115 ul, mor, mgr; 116 ur, mgl, mlu, zl; 118 mor, mgl, zl; 119 mro; 120 umr, mol; 121 zr; 122 uml, ul, mol, mul, mgl, mro, zl; 123 mol, mlu, zr; 125 mu, mgr; 129 mlo; 130 mr, zl; 131 mor, mgr, zr; 132 uml, mol, mgl, zl; 133 zr; 134 mol, mlu, zl; 135 uml, mor, mgr, mru, zr; 136 ul, mor, mgl, zl; 138 ul, mor, mgl, mlo; 139 mo, mul; 140 mor, mgl, zl; 141 mo, zr; 143 mur, mgr,mlo, zr; 144 mol, zl; 145 ur, mu, mgr, zr; 146 uml, mol; 148 mu; 150 mgl, zl; 151 ur ,mlo; 152 mo, mgl; 153 mlo; 154 mur, mgl; 155 umr, mor, mgr, mlu, zr; 156 mor; 159 mlo, zr; 162 mol, mor, mu, mgl, mro, zl; 163 ul, mlo; 164 mo, zl; 165 mo, zr; 167 mu; 168 umr, mol, mor, mgl; 169 mor, mu; 170 mo, zl; 171 ul, mgr; 172 uml, mor, zl; 173 mo; 176 mo; 178 mol, mor, mro; 179 mgr; 181 mol, mgr; 183 mol; 185 mur, mgr, mlo; 187 ur, mor, mgr, mlo; 188 zl; 189 ul, mo, mgr, mro, mru, zr; 190 ul, mgl; 191 mu; 193 mr; 195 mor, mlo, zr; 196 ul, mgl; 197 mo, zr; 198 ul, mor, mgl; 200 mu; 201 mo, zr; 202 mo, mol; 203 mor; 204 zl; 206 ur, mor, mgl, zl; 207 mo; 209 mu; 211 mro, zr; 212 mo, zl; 213 zr; 216 mol, mlo, zl.
Oxford Scientific Films Deni Brown: 85 zr, m; 125 zr.
Roger Wilmshurst: 74 m.
RP Lawrence: 215 mgr.
Silvertris: 154 mru.
Steven Still: 33 tr.
Steven Wooster: 174 mor, zl.
Wardene Weisser: 83 ur.